MEGARRASCACIELOS

INNOVANT PUBLISHING
SC Trade Center: Av. de Les Corts Catalanes 5-7
08174, Sant Cugat del Vallès, Barcelona, España
© 2021, Innovant Publishing
© 2021, Trialtea USA, L.C.

Director general: Xavier Ferreres
Director editorial: Pablo Montañez
Coordinación editorial: Adriana Narváez
Producción: Xavier Clos

Diseño de maqueta: Oriol Figueras
Maquetación: Mariana Valladares
Equipo de redacción:
Redacción: Paulo Di Renzo
Edición: Monica Deleis
Corrección: Martín Vittón
Coordinación editorial: Adriana Narváez
Ilustración: Federico Combi (págs. 30-31, 70-71)
Créditos fotográficos: "Dubai UAE February 18 Burj Khalifa" (©Shutterstock),
"Day to night transition timelapse with Burj Khalifa and other towers"
(©Shutterstock), "Dubai downtown skyline day night transition" (©Shutterstock),
"Egypt, Cairo, Giza. General view of pyramids from the Giza plateau three pyramids
known as queens" (©Shutterstock), "Two towers due torri asinelli and garisenda
symbols of medieval Bologna towers" (©Shutterstock), "Equitable building a story
office building in New York City" (©Shutterstock), "The flatiron building originally
the fuller building in New York" (©Shutterstock), "Skyline over Hudson River with
boat and skyscraper with Empire State Building" (©Shutterstock), "Illuminated NYC
skyscrapers in Midtown Manhattan" (©Shutterstock), "Middle aged iron worker
at the Empire State Building construction site" (©Shutterstock), "Panoramic view
of Lower Manhattan and Hudson River with World Trade" (©Shutterstock), "One
World Trade Center background landmarks" (©Shutterstock), "A tourist takes a
picture of the Chicago Skyline" (©Shutterstock), "Downtown" (©Shutterstock),
"Tower Shanghai World Financial Center" (©Shutterstock), "Shanghai"
(©Shutterstock), "Shenzhen Futian District Skyline at Dusk" (©Shutterstock), "Lotte
World Tower Seokchon Lake Songpa Gu Seoul" (©Shutterstock), "Lotte World and
Milky Way Galaxy in Seoul South Korea" (©Shutterstock), "Beautiful view of the
CTF Finance Centre" (©Shutterstock), "Afternoon view of the Tianjin CTF Finance
Centre at Tianjin Binhai" (©Shutterstock), "Towers in central business district of
Beijing with CITIC Tower" (©Shutterstock), "Contrast between the historic Wanchun
Pavilion in Jingshan Park" (©Shutterstock), "Dawn view of a pedestrian footbridge
over a busy street corner" (©Shutterstock), "Firework with cityscape nightlife view
of Taipei Taiwan City" (©Shutterstock), "Taipei Mall January in Taipei TW the multi
story retail" (©Shutterstock), "Burj Khalifa World S Tallest Tower" (©Shutterstock),
"Construction of the Worlds Tallest Building" (©Shutterstock), "The construction
of Burj Dubai Burj Khalifa" (©Shutterstock), "Dubai business bay the tallest
building" (©Shutterstock), "Shoppers at Dubai Mall April in Dubai" (©Shutterstock),
"Interior inside the observation deck at the top Burj Khalifa" (©Shutterstock), "At
the top Burj Khalifa" (©Shutterstock), "Burj Khalifa world's tallest tower at night"
(©Shutterstock), "Burj Khalifa the highest building in the world" (©Shutterstock),
"Burj Khalifa with the fountains" (©Shutterstock), "Muslim Prayer and Tawaf for
Abraj al Bait Prophet Muhammad" (©Shutterstock), "Skyscraper Lahta Center on
the Shore of the gulf of Finland" (©Shutterstock), "Aerial view on Skyscrapers of
Financial District of Santiago" (©Shutterstock), "Under construction kingdom Tower
Jeddah" (©Shutterstock).

ISBN: 978-1-68165-888-9
Library of Congress: 2021933743

Impreso en Estados Unidos de América
Printed in the United States

ÍNDICE

INTRODUCCIÓN

Conquistar el cielo representa un anhelo del hombre desde el nacimiento de la propia humanidad. A través de los siglos se puede acceder a un sinfín de construcciones que dejan en claro esta aseveración. Los egipcios con sus pirámides, los romanos con sus torres, la antigua ciudad de Babilonia, todo eso da cuenta ineludible de incansables avances del ser humano para perfeccionar las técnicas de construcción y elevar colosos verticales en sus ciudades.

Materiales como el adobe y la piedra, más tarde el hierro y el concreto, y por último el acero ofrecieron nuevas posibilidades. Estructuras que elevaron su altura junto con sus capacidades habitacionales se convirtieron en legítimos colosos de los cielos. Hoy es común encontrar edificios que superan largamente los 300 m de altura en cualquier rincón del planeta. Pero hace poco más de 150 años esto era aún una utopía, una ilusión. La pieza que completó el rompecabezas y permitió que la altura de los rascacielos alcanzara los primeros 100 m fue el ascensor, que si bien ya existía hacía un tiempo, a mediados del siglo xix encontró en la audacia y el ingenio de un empresario la forma de transportar personas de manera segura.

De la mano del Equitable Life, el primer edificio que contó con el novedoso «ascensor seguro», el Monadnock y el Fuller Building, pioneros en diseño y técnicas de construcción, pasando por el Empire State con su récord de 40 años como el edificio más alto del mundo, las Torres Gemelas y la Sears Tower (hoy Willis Tower), Nueva York y Chicago se convirtieron en las ciudades que marcaron el paso en la industria de los rascacielos, ya fuera como torres residenciales o como conglomerados de oficinas, centros comerciales y lujosos hoteles. Con estructuras rectangulares básicas o con diseños modernos y vanguardistas; con fachadas de hormigón o totalmente acristaladas. Las opciones de utilización, construcción y diseño se volvieron infinitas.

Con los años, la carrera por superar las nubes se mudó de continente. Estados Unidos ya no tiene el monopolio de las alturas. Asia, con su incesante crecimiento económico y financiero, se transformó en el epicentro de los rascacielos desde el siglo XXI. China es la referencia, con construcciones como la Torre de Shanghái, el Ping An Finance Center y la CITIC Tower. Aunque también Corea y Taiwán albergan en sus capitales rascacielos que se ubican entre los más elevados del planeta. Sin embargo, el mundo árabe es el que domina el cielo con el estratosférico Burj Khalifa y sus 828 m de altura que prevalecen en el árido y caluroso desierto de Dubái.

Con todos los avances tecnológicos que se han experimentado desde que los rascacielos invadieron las ciudades, ¿quién puede predecir qué tan altos serán los edificios en el futuro? Parecería que ni el cielo representa ya un límite.

EL CIELO PUEDE ESPERAR

Primeros pasos

La Pirámide de Giza, los caprichos del emperador Augusto y el templo de Etemenanki son algunas de las raíces que les permitieron florecer a los edificios modernos. Desde las primeras construcciones de piedra hasta la aparición del «ascensor seguro» y el acero como ingrediente fundamental de las estructuras.

Las pirámides de Giza y las Torres de Bolonia (p. 8) representan algunos de los primeros intentos del hombre por alcanzar grandes alturas.

LA VISIÓN DE LOS IMPERIOS

Según la Biblia, el Arca de Noé evitó que la humanidad se extinguiera luego del diluvio universal: solo el propio Noé y siete integrantes de su familia sobrevivieron a la catástrofe. También según manifiesta ese texto, ellos fueron en cierto momento los únicos seres humanos que habitaban el planeta. Tras el diluvio, su lugar de asentamiento fue la llanura de Senar (Babilonia), donde comenzaron a construir una gran torre que llegaría hasta el cielo. Esa sería nada menos que la Torre de Babel. La razón de su edificación era evidente: si ocurría otro diluvio, podían subir a los pisos más elevados y así evitar perecer en el agua.

Más allá de la historia bíblica, la creación de la Torre de Babel pudo haber estado influenciada por el templo piramidal Etemenanki –construido para el dios Marduk–, ubicado en la antigua ciudad de Babilonia, allá por el siglo VI a.C. Este templo fue edificado durante el cautiverio del pueblo hebreo, y por eso se lo asocia con el relato de la creación de la Torre de Babel. Etemenanki era un zigurat, un templo con forma de pirámide construido con adobe y ladrillos cocidos. Originariamente tenía siete pisos en sus poco más de 90 m de elevación; aún se conservan algunos restos de su construcción.

Si retrocedemos más en el tiempo, podremos encontrar algunos registros que indican que desde las primeras civilizaciones el ser humano ya intentó alcanzar los cielos. Por ejemplo, los egipcios lo hicieron con la Gran Pirámide de Giza, construida por Keops hace 4.000 años, una de las siete maravillas del mundo antiguo. Sus 146 m de altura aún son impactantes. Mientras, en la antigua Roma el emperador Augusto fue proclive a la construcción de torres, y durante su gobierno el imperio se nutrió de diversas cimentaciones que alcanzaban los 10 pisos de altura. Ya en la Edad Media se construyeron centenares de edificios de gran elevación,

como las Torres de Bolonia. Se dice que eran alrededor de 180 edificaciones de casi 100 m de altura construidas por las familias más ricas de la ciudad.

Todos los edificios antiguos tenían algo en común: las paredes estaban hechas con piedras, por lo cual el espacio interior se reducía de manera notable, en tanto que el peso total de las estructuras era sumamente elevado. Estas cuestiones comenzaron a solucionarse mucho tiempo después, a fines del siglo XVIII, cuando en Inglaterra se construyó la primera torre con una estructura de hierro y paredes más delgadas. Se trató del Ditherington Flax Mill, un molino de lino ubicado en la localidad de Ditherington,

El Equitable Life de Nueva York fue el primer
edificio en incorporar el ascensor. La concepción
de las ciudades empezaba a cambiar.

un suburbio de Shrewsbury. Esta construcción de apenas 5 pisos
fue el primer edificio con estructura de hierro del mundo, y por
eso se lo conoce popularmente como «el abuelo de los rascacielos». Esta arquitectura permitió el desarrollo de los edificios, pero
todavía existía un problema. Si bien el hierro y la técnica de construcción habían evolucionado y era más fácil crear construcciones que alcanzaran mayores alturas, ¿de qué servía una torre de
10 pisos si llegar hasta la última planta por las escaleras constituía
una tarea extenuante?

Obviamente, este inconveniente no detuvo la construcción de
edificios, aunque sí acotó la posibilidad de extender sus límites.
Y hubo que esperar hasta 1852, cuando Elisha Otis inventó lo
que se conoció como el «ascensor seguro». Fue así, gracias a este
revolucionario e ingenioso invento, que ciudades como Chicago
y Nueva York se convirtieron en las metrópolis con más rascacielos a principios del siglo xx. Enseguida se adoptaron medidas,
protocolos y leyes para que los recientes «rascacielos» fueran más
seguros y rentables.

LA REVOLUCIÓN PUESTA EN MARCHA

La sede de la Equitable Life Assurance Society de Estados Unidos
inauguró su edificio el 1.º de mayo de 1870. La construcción, que
había comenzado dos años antes, fue erigida sobre la avenida
Broadway al 120, en la ciudad de Nueva York, y se convirtió en la
más alta del mundo gracias a sus 40 m de elevación. Edificada con
paredes de mármol sobre un esqueleto de hierro, bajo la dirección
del arquitecto Henry Baldwin Hyde, tenía 8 pisos y fue el primer
edificio de oficinas en contar con ascensores. El Equitable Life
Assurance es considerado por muchos historiadores como el primer rascacielos del mundo.

El «ascensor seguro» contaba con
un ingenioso sistema de detención
automática en caso de que se cortara
el cable que lo sostenía.

Hasta su aparición, la realidad de los edificios con más de dos o tres plantas era muy diferente: a la gente no le gustaba subir por las escaleras. Cabe destacar que en esos años las escaleras eran bastante diferentes de las actuales, sobre todo por lo oscuras. Y si las oficinas superiores no tenían un buen acceso, resultaba casi imposible alquilar los departamentos. La solución era simple: utilizar ascensores. Sin embargo, los primeros tenían un defecto insuperable: nada les impedía caer al vacío y estrellarse contra el piso si el cable (o cuerda) de sujeción que los elevaba sufría una rotura. Y esto dejó de ser un problema algunos años antes de que el Equitable Life se cimentara en Nueva York.

A partir de su implementación en los edificios, el ascensor cambió la forma en que se movía el mercado inmobiliario. Claro, ya no era un problema acceder a los pisos más altos, justamente los que más luz natural recibían y los que estaban más alejados del ruido del tráfico. Por lo tanto, rápidamente la Equitable Life Assurance Society utilizó para sus oficinas las plantas más bajas y puso en alquiler los despachos de arriba a un precio mucho más elevado, bajo el amparo de los grandes beneficios en materia de confort que conllevaba ocupar esos sectores.

Este edificio, que además había sido calificado como a prueba de fuego, fue destruido por completo el 9 de enero de 1912 por un incendio de magnitud, en el que murieron seis personas. Ese día, un frío extremo azotó la ciudad de Nueva York y congeló el agua que arrojaban los camiones de bomberos.

El actual Equitable Building fue terminado en 1915 en la misma parcela, en el Bajo Manhattan, diseñado por Ernest R. Graham & Associates. Sin embargo, el enorme volumen del nuevo edificio fue objeto de severas críticas y polémicas. A partir de esa experiencia, en 1916 las autoridades sancionaron la Ley de Zonificación de Nueva York. Esta normativa fue adoptada principalmente para evitar que los edificios masivos impidieran que la luz y el aire

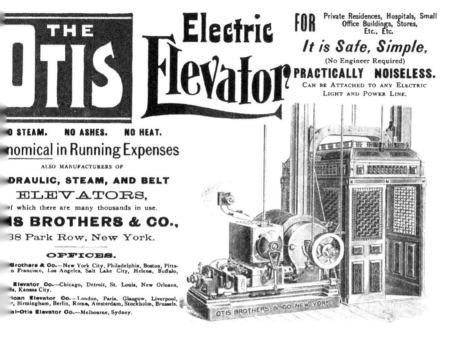

19

fluyeran por las calles, y estableció límites en la concentración de construcciones a ciertas alturas. Si bien no impuso específicamente parámetros de altura, confinaba a las futuras torres a un porcentaje del tamaño del lote donde se edificaban.

LA PIEZA QUE FALTABA

El empresario e inventor Elisha Otis nació en 1811, cerca del condado de Windham Halifax, en el estado de Vermont. Su ascensor seguro alcanzó una notable difusión en 1854, durante una presentación en el marco de la exposición del New York Crystal Palace, cuando el propio Otis impresionó a una multitud de asistentes al ordenar que cortaran la única cuerda que sujetaba la plataforma sobre la que él se encontraba parado. Ante el asombro de los presentes, la plataforma se deslizó hacia abajo apenas unos pocos centímetros y se detuvo enseguida. El nuevo método de seguridad, que incluía un ingenioso dispositivo de tope, se podía incorporar en los ascensores e impedía que estos se estrellaran contra el suelo en caso de que el cable se cortara. El sistema supuso una verdadera revolución para la industria.

«Lunchtime atop a Skyscraper», la foto que ilustró una época en Nueva York.

EL ACERO: UN ANTES Y UN DESPUÉS EN LA CONSTRUCCIÓN

Si bien es imposible conocer con certeza cuál fue el primer edificio en la historia de la humanidad, ya mencionamos diversos registros de aquellas primitivas intenciones del ser humano de cruzar la línea de las nubes. Con el correr del tiempo fueron cambiando la forma de construirlos y los materiales empleados. Tanto los ladrillos como la madera y la piedra perdían sostén y estabilidad a medida que las torres sumaban altura.

Una evidencia cabal del primer avance importante en materia de construcción de edificios es el Pilar de Hierro de Delhi, en la India, una estructura de 7,21 m de altura y 6 toneladas de peso que se encuentra erguida en el complejo Qutb (en Nueva Delhi), un sitio declarado patrimonio de la humanidad. El Pilar de Hierro data del siglo IV y es un testimonio en la historia de la siderurgia, ya que muestra el alto nivel de conocimiento y sofisticación en cuanto a las técnicas de fundición del hierro. Los indios utilizaban este metal mezclado con piedra y ladrillo para reforzar las estructuras.

Justamente, uno de los avances más importantes para la construcción de rascacielos fue la implementación del acero. Pero ya no solo para reforzar las estructuras sino para desarrollarlas por completo. A finales del siglo XIX, el procedimiento Bessemer marcó un antes y un después en la historia de la construcción de edificios. Se trataba del primer proceso de fabricación químico que sirvió para obtener acero en serie, fundido en lingotes, de buena calidad y a un precio accesible. El procedimiento Bessemer removía las impurezas del hierro que provocaban que se oxidara y se debilitara, para posteriormente mezclarlo con una pequeña cantidad de carbono y otros materiales para producir el acero.

El Home Insurance Building de Chicago fue inaugurado en 1885 y se convirtió en la primera estructura hecha de acero.

EL FOTÓGRAFO DE LOS RASCACIELOS

A principios del siglo xx, el *boom* en la construcción de grandes rascacielos en Estados Unidos dejó como evidencia un sinfín de imágenes increíbles tomadas a los trabajadores en plenas jornadas laborales. La mayoría son obra de Charles Clyde Ebbets, un fotógrafo que se hizo famoso por retratar escenas cotidianas de la vida durante la construcción de esos descomunales edificios. Luego de trabajar para diferentes periódicos, en 1932 Ebbets fue contratado como director de fotografía en la construcción del Rockefeller Center, en Manhattan, donde el 29 de septiembre tomó su foto más famosa, la célebre «Lunchtime atop a Skyscraper». Esta imagen fue lograda en un receso de los trabajadores durante la construcción del piso 69.

EL EPICENTRO

Nueva York y Chicago

Ambas ciudades fueron pioneras en la construcción y en la evolución de los rascacielos. Desde la primera década del siglo XX, llevaron al límite sus esfuerzos por alcanzar nuevas alturas, y para ello utilizaron materiales y técnicas de edificación innovadores.

DEL MONADNOCK AL FULLER FLATIRON

Daniel Burnham, arquitecto y diseñador urbano nacido en Nueva York en 1846, fue el encargado de llevar adelante el proyecto llamado oficialmente Fuller Building. Con anterioridad, había trabajado en la construcción del Monadnock Building, en Chicago. Fue uno de los precursores de una generación de arquitectos que resultó determinante para la expansión de los rascacielos en esas ciudades, que en la época se convertirían en las más avanzadas y «elevadas» del mundo.

Si bien la primera parte del Monadnock fue inaugurada en 1891, la obra final recién se estrenó dos años más tarde. Situado en West Jackson Boulevard 53, en el área de la comunidad de South Loop, en Illinois, en ese momento se convirtió en el edificio de oficinas más grande del mundo. Tenía 16 pisos y su estructura –con paredes de entre 1,8 y 2,4 m de ancho– llevó la utilización de la piedra al extremo, por lo que el piso sufrió las consecuencias de un peso excesivo y tuvo que ser apuntalado varias veces para detener su hundimiento.

En 1902, en la ciudad de Nueva York, Burnham comandó la construcción del Fuller Building, una torre que se convirtió en realidad para el asombro de propios y extraños. Debido a su extraña estructura se lo bautiza popularmente como «The Flatiron» por su parecido con las planchas de la época. Cuentan, incluso, que los neoyorquinos realizaban apuestas sobre qué tan lejos llegarían los escombros cuando el viento derribara el edificio. Y tenían un motivo para pensar así: el Flatiron se encuentra en una manzana triangular, limitada al sur por la calle 22, al oeste por la Quinta Avenida y al este por la avenida Broadway. Estas dos últimas confluyen delante del edificio con la calle 23, a la altura de Madison Square. Nunca antes se había construido un edificio de esta magnitud con una estructura ¡triangular! Luce un estilo Beaux Arts y en su extremo más angosto tiene solo 2 m de ancho.

Burnham sabía que debía aprovechar al máximo el espacio disponible, sin sobrecargar el peso de la estructura. El Fuller Building tendría 87 m de altura y 22 pisos. No podía repetir el concepto de construcción del Monadnock. Para eso, decidió desarrollar el

La construcción del Fuller Flation y su diseño audaz fueron lo más avanzado de su tiempo.

Durante cuarenta años, el Empire State fue el rascacielos más elevado del mundo y una referencia para la industria de los rascacielos.

armazón del Flation con columnas y vigas de acero unidas. Así logró que, a partir de una estructura de acero –muy resistente y liviano, a la vez que sumamente delgado–, las bases pudieran soportar su peso y las paredes ocuparan mucho menos espacio que si fueran de piedra. Si se observan las imágenes del Fuller, su figura está constituida por piedras, pero es solo la fachada…

El edificio resultó todo un éxito, tanto de diseño como también por su tecnología de construcción. Además, el proceso de edificación fue muy rápido, ya que –a un ritmo de casi un piso por semana– apenas demandó un año de trabajo. Para muchos, fue el primer rascacielos que se convirtió en un símbolo de Nueva York. Claro, a partir de entonces la implementación del acero se masificó y ya nada detendría la escalada de los edificios. Ahora el límite era, literalmente, el cielo.

NUEVA YORK, EN CARRERA HACIA LAS NUBES

El Metropolitan Life, situado en Manhattan, fue el edificio más elevado del mundo entre 1909 y 1913, con sus 214 m de altura. Ese año fue superado por el Woolworth Building, que con sus 241 m se convirtió en el más alto hasta 1930, cuando se construyó el Edificio Chrysler –desarrollado íntegramente con ladrillos–, el primero en alcanzar 319 m de altura. Pero su marca duró poco, ya que al año siguiente el emblemático Empire State llegó a los 381 m (443 m incluida la antena), casi 10 veces más que el primer rascacielos con estructura de acero. La guerra por el cielo libraba su primera batalla y la ciudad de Nueva York era testigo privilegiada. El Empire State luce un diseño *art déco*, típico de la arquitectura del período de entreguerras que se expandió en la ciudad estadounidense. Fue el primer edificio en tener más de 100 pisos y es uno de los más famosos y representativos de Nueva York. Las obras comenzaron en marzo de 1930 y fueron dirigidas por Shreve, Lamb & Harmon Associates. Se construyó a gran velocidad, con un promedio de 4,5 pisos a la semana, y se completó en un año y 45 días. Fue inaugurado el 1.º de mayo de 1931 por el presidente Herbert

Primer plano del Edificio Chrysler, con el Empire State de fondo. Los primeros grandes íconos de Nueva York.

28

Hoover y durante cuarenta años ostentó el título de edificio más alto del mundo. A pesar del impacto que su desarrollo generó en la sociedad, el Empire State se levantó en plena crisis económica, lo que afectó gravemente el alquiler de las oficinas y postergó su ocupación total durante casi una década.

El 4 de abril de 1973 fue inaugurado el World Trade Center –cuatro décadas después que el Empire State–, e incluía las emblemáticas Torres Gemelas. El diseño de cada torre contaba con fachadas revestidas en aleación de aluminio, cuyas piezas se ensamblaban una a una a medida que las torres ganaban altura. El complejo ideado a principios de los años 1960 por Minoru Yamasaki se ubicó en el corazón del distrito financiero de Nueva York.

Las Torres Gemelas, de 110 pisos cada una, incorporaron en ese momento una innovación de la ingeniería: columnas cercanas de acero y vigas en los muros exteriores que fueron cubiertas con materiales de poco peso, en vez de ladrillos o piedras. En el centro de cada torre había un núcleo de concreto reforzado con acero, conectado a los muros exteriores con vigas horizontales bajo cada piso. Este diseño soportó el peso de los edificios sin la necesidad de muros interiores de contención o columnas como las que sostienen al Empire State, así que de paso se incrementaba el espacio utilizable de cada planta.

Este nuevo enfoque permitió realizar planos de pisos más abiertos que en el diseño tradicional de los edificios de ese momento (distribuía columnas a través del interior para soportar la estructura del edificio). Las columnas de acero perimetrales eran fuertes y resistentes, y al encontrarse a poca distancia una de

Panorámica de la época desde las alturas del Empire State en construcción.

Así lucían las Torres Gemelas originales. Los edificios más altos del mundo, a comienzos de la década de 1970.

otra, conformaban una estructura de paredes muy sólidas y rígidas, que podían soportar prácticamente todas las cargas laterales, sobre todo las del viento. Este diseño posibilitó además que las construcciones, en caso de incendio o derrumbe, colapsaran hacia adentro en vez de caer sobre los edificios vecinos.

Para su edificación se utilizaron piezas prefabricadas, que se elaboraban fuera de la obra y se trasladaban al edificio al momento de colocarlas. Para montar estas piezas los ingenieros emplearon una grúa-torre que, gracias a su capacidad para subir automáticamente de altura, permitió acelerar los tiempos de producción.

La mañana del martes 11 de septiembre de 2001, dos aviones Boeing 767 se estrellaron intencionalmente contra el complejo. Fue el mayor atentado terrorista de la historia. Los ataques contra el World Trade Center tuvieron como resultado más de 2.700 muertes. Al momento de su colapso, las Torres Gemelas habían perdido hacía tiempo el título de rascacielos más alto del mundo frente a la Torre Sears… de Chicago.

MINORU YAMASAKI Y SU MIEDO A LAS ALTURAS

Las Torres Gemelas, o los edificios 1 y 2 del World Trade Center (el complejo estaba compuesto por 7 torres en total), fueron diseñados por el talentoso lápiz de Minoru Yamasaki, uno de los arquitectos más prominentes del siglo xx. Yamasaki, hijo de inmigrantes japoneses, nació en Seattle en 1912. Se recibió de arquitecto en la Universidad de Washington en 1934, y luego se trasladó a Nueva York, donde comenzó una ascendente carrera. El uso de ventanas pequeñas en estructuras altas era común en los trabajos de Yamasaki, ya que les tenía un enorme miedo a las alturas y sentía la necesidad de que el diseño de sus rascacielos se adaptara a aquellas personas que, como él, podían experimentar una sensación similar. La construcción de las Torres Gemelas del World Trade Center es la obra más representativa de Yamasaki, y por la cual es considerado uno de los grandes practicantes del «modernismo romántico» y del estilo conocido como neoformalismo. Yamasaki murió de cáncer en 1986, a los 73 años.

EL ORGULLO, DE PIE

Con sus 541 m de altura, el One World Trade Center es el rascacielos más alto del hemisferio occidental. Pero este es un dato que pasa a segundo plano cuando se hace referencia a este gigante de Nueva York. Por supuesto, es el edificio que se erigió sobre la misma parcela que anteriormente había ocupado el World Trade Center, es decir, las Torres Gemelas originales.

Tras el atentado de 2001, las autoridades neoyorquinas enfrentaron un intenso debate sobre el futuro de la zona, pero las propuestas para su reconstrucción llegaron casi de inmediato. Volver a levantar las torres ya no era un tema de Estado sino una cuestión de orgullo para los habitantes de la ciudad. Entendían que, si había una forma de dejar atrás los atentados y enterrar en el pasado la imagen de las Torres Gemelas en pleno colapso, esa era construir dos torres aún más grandes.

34   El formidable homenaje de hormigón y acero fue encargado al arquitecto David Childs, que en ese momento formaba parte del estudio Skidmore, Owings & Merrill (SOM). Por entonces, SOM había tenido bajo su responsabilidad la construcción de otro gigante: la Sears Tower de Chicago. Nada mejor que utilizar el Día de la Independencia, el 4 de julio de 2004, para la colocación de la primera piedra del One World Trade Center. A solo tres años de los atentados, Nueva York le mostraba sus intenciones al mundo. Sin embargo, debido a serios conflictos referentes a la seguridad, el diseño y la inversión de proyecto, los trabajos de construcción se pospusieron hasta 2006. Poco antes de fines de ese año se vertieron los cimientos del rascacielos, algo así como 400 m³ de hormigón. Meses después, gran cantidad de neoyorquinos fueron invitados a firmar una viga de acero que sería la primera en colocarse en la estructura, en la base del incipiente One World Trade Center. El proyecto, que originariamente iba a ser terminado y abierto en 2011 (sí, diez años después de los atentados), alcanzó su altura máxima en agosto de 2012 para, luego de varios retrasos, ser inaugurado el 3 de noviembre de 2014.

Imagen del One World Trade Center, que se erige en el mismo sitio que ocuparon las Torres Gemelas.

LOS MÁS ALTOS DEL MOMENTO

Este *ranking* muestra la altura de cada edificio cuando se proclamó en su momento como el más alto del mundo. El primero en superar los 100 m de elevación, y por consiguiente el que encabeza la lista, fue el Manhattan Life de Nueva York, en 1894.

1. **1894-1899**
   Manhattan Life Insurance Building
   Nueva York (EE. UU.)
   106 m / 18 pisos

2. **1899-1908**
   Park Row Building
   Nueva York (EE. UU.)
   119 m / 30 pisos

3. **1908-1909**
   Singer Building
   Nueva York (EE. UU.)
   187 m / 47 pisos

4. **1909-1913**
   Metropolitan Life Tower
   Nueva York (EE. UU.)
   213 m / 50 pisos

5. **1913-1930**
   Woolworth Building
   Nueva York (EE. UU.)
   241 m / 57 pisos

6. **1930**
   The Trump Building
   Nueva York (EE. UU.)
   283 m / 71 pisos

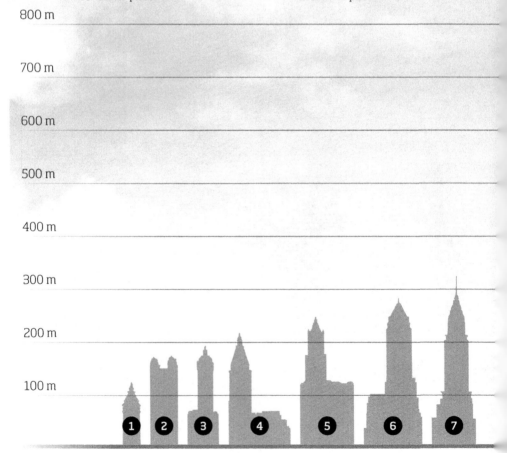

800 m	
700 m	
600 m	
500 m	
400 m	
300 m	
200 m	
100 m	

7. 1930-1931
Edificio Chrysler
Nueva York (EE. UU.)
319 m / 77 pisos

8. 1931-1971
Empire State Building
Nueva York (EE. UU.)
381 m / 102 pisos

9. 1971-1973
World Trade Center
Nueva York (EE. UU.)
415 m / 110 pisos

10. 1973-1998
Sears/Willis Tower
Chicago (EE. UU.)
442 m / 108 pisos

11. 1998-2003
Torres Petronas
Kuala Lumpur (Malasia)
452 m / 88 pisos

12. 2003-2009
Taipei 101
Taipéi (Taiwán)
508 m / 101 pisos

13. 2009-2010
Burj Khalifa
Dubái (Emiratos Árabes Unidos)
828 m / 163 pisos

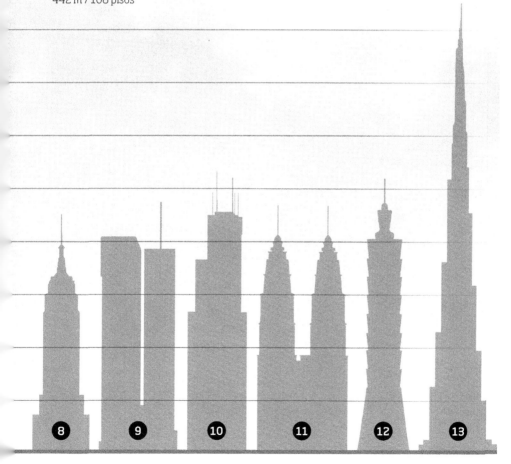

Panorámica desde la
Torre Willis, en Chicago.

CHICAGO, A PESAR DEL VIENTO

La ciudad integrante del estado de Illinois fue una de las primeras en poblarse de rascacielos. El precedente de consideración lo había sentado el Home Insurance Building en 1885, que se convirtió en el primer edificio que utilizó acero en su armazón. Conocida como «la ciudad del viento» debido a esta cuestión climatológica, Chicago encontró ciertos límites a la hora competir en las alturas con Nueva York. Pero todo cambió en 1974 con la inauguración de la Torre Sears y sus 442 m de altura, el edificio más alto del mundo durante 24 años.

A finales de la década de 1960, Sears era una importante cadena de mercados minoristas. Empleaba aproximadamente a 350.000 personas, por eso los directivos de la firma decidieron «juntar» al menos a los trabajadores que ocupaban oficinas distribuidas alrededor del área de Chicago. La zona oeste del Chicago Loop fue el lugar elegido para edificar una torre que tendría una superficie de 280.000 m², aproximadamente.

El equipo del arquitecto Bruce Graham y el ingeniero Fazlur Rahman Khan –representantes del estudio Skidmore, Owings & Merrill– diseñaron el edificio como nueve bloques rectangulares individuales unidos entre sí. Estos módulos se alzarían hasta el piso 50 del edificio, donde los bloques noroeste y sudeste terminan, y los otros siete continúan. En el piso 66 finalizan las secciones nordeste y sudoeste, y en el piso 90 lo hacen los módulos norte, este y sur. Los bloques restantes, del centro y oeste, continúan su extensión hasta el piso 108. Esta estructura hace que la construcción sea muy fuerte y permite que el interior esté totalmente libre de columnas. Tanto Graham como Khan ya habían aplicado este concepto en 1970, en la construcción de otro rascacielos de Chicago: el John Hancock Center. En esa torre de un solo cuerpo, el inmenso cruzado de vigas exterior no solo es la característica más llamativa de su diseño, sino un aspecto funcional fundamental de su estructura: los 100 pisos están expuestos a las enormes fuerzas del viento.

Con la Sears Tower era la primera vez que se intentaba llegar tan alto en «la ciudad del viento». Por eso, construir el rascacielos utilizando una estructura de acero tradicional suponía grandes problemas, porque cuanto más alto fuera el armazón de acero, más chances tendrían las ráfagas provenientes del lago Michigan de balancear el edificio, y generar en sus habitantes una sensación similar a la que se experimenta en un viaje en barco, al producir mareos y náuseas. Y hasta podría doblarse con los intensos vientos.

Los arquitectos de Sears inventaron, entonces, una tecnología que podía vencer el empuje del viento: decidieron ubicar la estructura tradicional de acero del interior del edificio directamente en el exterior. Esta disposición común a los nueve bloques rectangulares unidos consigue que el edificio permanezca casi inmutable frente a las inclemencias del tiempo y a las ráfagas de viento de casi 100 km/h que parten del lago Michigan.

Así, la Sears Tower –rebautizada Willis Tower en marzo de 2009 debido a que el Willis Group Holdings alquiló una parte del edificio y obtuvo los derechos de su nombre– alcanzó los 442 m de altura, producto de una inversión de 190 millones dólares. Al momento de su inauguración, el edificio fue considerado como la culminación de más de un siglo de evolución de los rascacielos en Chicago, porque en él se pudo analizar el desarrollo del diseño, la construcción y la tecnología aplicada a sus más altos edificios.

41

CIUDADES CON MÁS RASCACIELOS DEL MUNDO*		
1	Hong Kong (HK)	1.391
2	Nueva York (EE. UU.)	773
3	Tokio (JAP)	515
4	Wuhan (CHI)	379
5	Shenzhen (CHI)	352
6	Dubái (EAU)	325
7	Chicago (EE. UU.)	323
8	Shanghái (CHI)	304
9	Toronto (CAN)	294
10	Guangzhou (CHI)	260

* (hasta abril de 2021)

La Torre Sears, ahora denominada Torre Willis, continúa siendo la estructura más elevada de Chicago.

EL SEMILLERO DE LOS RASCACIELOS: ASIA

A comienzos del siglo XXI, el continuo crecimiento económico de algunos países asiáticos posicionó al continente como uno de los más avanzados en cuestiones de infraestructura. China, con sus casi 1.400 millones de habitantes, se sumergió de lleno en el mundo de los rascacielos. A mediados de 2020, las torres en Asia superan los 500 m de altura.

La Torre de Shanghái es el edificio más elevado de China, con sus 632 m y 128 pisos, y uno de los más amigables con el ambiente en todo el mundo.

LA TORRE DE SHANGHÁI, LA MÁS ALTA DE CHINA

Desde comienzos de la década de 1990, la localidad de Lujiazui, en el distrito de Pudong, se convirtió en el nuevo centro financiero de Shanghái. Y allí, emplazada entre varios rascacielos, se encuentra la Torre de Shanghái, que alcanza una altura de 632 m sobre el nivel del suelo, posee 128 pisos y abarca una superficie aproximada de 420.000 m². Hacia mediados de 2020, es el edificio más alto de China y el segundo más elevado del mundo.

La estructura de acero está compuesta por nueve construcciones cilíndricas apiladas unas sobre otras, unidas entre sí por un núcleo que les brinda cierta flexibilidad y la capacidad de absorber los movimientos sísmicos o del viento. El rasgo principal de esta torre en materia de diseño es su segunda fachada exterior, que, completamente acristalada, permitió la instalación de múltiples jardines elevados. Allí cuenta con restaurantes, cafés y tiendas que crean una atmósfera similar a la de las plazas tradicionales de Shanghái. También posee espacios para eventos en la base de la torre y con la plataforma de observación abierta más alta del mundo. Es el segundo megarrascacielos con paredes de doble acristalamiento (el primero en lucir una estructura de este tipo fue el Hong Kong Global Trade Plaza). En su interior alberga oficinas en la mayoría de los pisos, locales comerciales, un hotel de lujo y centros de interés cultural.

Otro aspecto destacado de este rascacielos es que, para su construcción, se utilizaron técnicas que lo vuelven sostenible en el uso de la energía y respetuoso del ambiente. Por ejemplo, la segunda fachada de cristal, además de habilitar un mayor ingreso de luz solar, permite reducir las cargas del viento sobre el edificio en casi un 25%. A su vez, su diseño en forma de espiral posibilita recoger el agua de lluvia y utilizarla para abastecer el sistema de refrigeración y calefacción de la torre. Unas turbinas eólicas ubicadas estratégicamente generan energía adicional que se transforma en electricidad para el edificio.

Diseñada por el estudio Gensler, la Torre de Shanghái fue inaugurada el 18 de febrero de 2015, seis años y medio después de que

La Torre de Shanghái junto al Shanghai World Financial Center (a la derecha) y la Torre Jin Mao (a la izquierda).

se iniciaran las obras de construcción sobre su base. Debido a la capa de suelo blando en Shanghái, 956 columnas de 86 m fueron enterradas bajo tierra para mantener erguido a este coloso. Según sus constructores, este enorme y moderno rascacielos es capaz de resistir un terremoto de magnitud 9 en la escala de Richter (en la cual 10 es el máximo).

PING AN FINANCE CENTER, EN LA CIUDAD MODERNA

Ubicado en la incipiente ciudad de Shenzhen, en la provincia de Guangdong, el Ping An Finance Center es un rascacielos que en 2017 alcanzó una altura de 599 m y así se convirtió en el segundo edificio más alto de China. Con 115 plantas, esta torre fue encargada por la compañía de seguros Ping An Insurance y diseñada por Kohn Pedersen Fox (KPF), una prestigiosa firma de arquitectos estadounidense. Si bien el edificio sobresale notoriamente entre el resto de los construidos en Shenzhen,

¿CÓMO SE MIDE LA ALTURA DE UN RASCACIELOS?

El Council on Tall Buildings and Urban Habitat (Consejo de Edificios Altos y Hábitat Urbano, o CTBUH), con sede en Chicago, es una entidad sin fines de lucro y de prestigiosa trayectoria que se encarga de otorgar el título de «Edificio más alto del mundo». Su misión es estudiar e informar todos los aspectos de la planificación, el diseño y la construcción de estos edificios. Para determinar sus alturas, se rige por tres parámetros fundamentales:

1. La altura a la cima arquitectónica del edificio: este es el principal criterio por el cual se rige. Las alturas se miden desde la entrada peatonal al aire libre más baja (es decir, sin los subsuelos) hasta la cima del edificio, incluidas las agujas, pero se dejan fuera de consideración elementos como mástiles de banderas y antenas.
2. La altura a la planta ocupada más alta: se mide desde el nivel del suelo hasta la planta más alta ocupada por residentes, trabajadores u otros usuarios de forma habitual. Debido a esto, no son tenidos en cuenta los pisos utilizados para acoger oficinas técnicas a las que solo se accede para realizar tareas de mantenimiento periódico referente a áreas del edificio.
3. La altura a la cima de la antena: esta, además de la aguja, tiene en cuenta cualquier pináculo, ya sea una antena o un mástil.

cabe destacar que desde hace treinta años esta ciudad es reconocida mundialmente por sus apuestas a las grandes estructuras y rascacielos.

Shenzhen es moderna y vanguardista, y el diseño del Ping An Finance Center da cuenta de ello. Si se observa la parte superior del edificio, es posible advertir una fachada que se va estrechando hasta formar una pirámide, detalle que le confiere una estética prismática. También llaman la atención las ocho enormes columnas que envuelven la silueta del rascacielos y que van mucho más allá de lo meramente decorativo, ya que la solución adoptada para construir este armazón aumenta su rendimiento estructural: el núcleo de hormigón posee estabilizadores de acero que se conectan a estas columnas. Además, este recurso mejora las cargas del viento al reducir su impacto en un 35%.

Para alcanzar su robustez estructural, la empresa constructora asegura que se utilizaron más de 1.700 toneladas de acero inoxidable, ya que la fachada del Ping An Finance Center está constantemente expuesta a la atmósfera salada de la costera ciudad de Shenzhen. En sus casi 460.000 m² de superficie no solo hay oficinas a las que se accede mediante sus veloces ascensores: este rascacielos también alberga un centro comercial, enormes salas para conferencias, tiendas y restaurantes.

51

EL GOLDIN FINANCE 117, YA CORONADO

La coronación de un edificio consiste en marcar la finalización de la estructura. De esta manera, se considera que un edificio está coronado cuando este ha alcanzado su altura arquitectónica máxima, es decir, cuando se ha construido la última planta, aunque todavía puede seguir en montaje la instalación de otros elementos, como la fachada, la finalización del interior y la mayor parte de los sistemas mecánicos, eléctricos y de soldadura. Antiguamente, para los constructores, la coronación de un edificio era considerada un rito, y consistía en la colocación de una rama o un árbol decorado con flores y cintas en la cima de la estructura.

La moderna ciudad de Shenzhen aloja el coloso Ping An Finance Center en su zona financiera.

Si bien esta tradición todavía se mantiene en Estados Unidos y en algunos países del norte de Europa, prácticamente ha caído en desuso en otras zonas del planeta. Y China no es la excepción. A pesar de ello, el Goldin Finance 117 –ubicado en la localidad de Tianjin– es un rascacielos que fue coronado en septiembre de 2015. La altura final de la torre alcanzó los 597 m, con 128 pisos en su interior, y así se convirtió en el tercer edificio más alto de China.

La construcción del Goldin Finance 117 comenzó en 2009, pero a los pocos meses quedó momentáneamente suspendida. Las obras se reanudaron en 2011 y la finalización del rascacielos se extendió hasta 2016. Luego de sortear otros inconvenientes, se espera que su inauguración oficial se lleve a cabo durante el transcurso de 2021. Una vez que abra sus puertas, además de oficinas tendrá departamentos de lujo, un hotel cinco estrellas y un moderno centro comercial.

54

LOTTE WORLD TOWER, EL PICO DE COREA

Este es el rascacielos más alto de Corea del Sur y el cuarto más elevado de Asia. Ubicado en Seúl, en las adyacencias del río Han, alberga una de las plataformas de observación más grandes del mundo: en su último piso, el 123, y a 512,3 m del suelo, este impresionante mirador puede albergar hasta 900 personas.

Anteriormente conocido como Lotte World Premium Tower, este rascacielos –que forma parte de la segunda generación del complejo Lotte World, inaugurado en 1989– alcanzó una altura de 555 m. Su diseño es obra de la prestigiosa firma Kohn Pedersen Fox (KPF) y su estructura cumple con la certificación LEED Oro, es decir, uno de los estándares internacionales de sostenibilidad más importantes. Cuenta con paneles solares, turbinas eólicas y otros sistemas de eficiencia energética que le han permitido ser reconocido como respetuoso con el planeta.

En materia de diseño, su silueta tiene la apariencia de un esbelto cono, con lados convexos apenas curvados. Según sus propios desarrolladores, la Lotte World Tower se basa en líneas vanguardistas inspiradas en la porcelana y la caligrafía coreanas, y en ella cobra protagonismo un diseño exterior íntegramente acristalado, con algunos detalles metalizados.

En el interior de la torre se encuentran tiendas (plantas 1 al 6), oficinas (7 al 60), habitaciones-residencias (61 al 85), un lujoso hotel de siete estrellas (86 al 119) y, en la cima del edificio (pisos 120 al 123), las zonas de acceso público, con la plataforma de observación. También posee un cine, un impresionante acuario y una sala de conciertos con una capacidad para 2.000 personas.

La empresa encargada de construir la Lotte World Tower obtuvo la aprobación final del gobierno en 2010, luego de trece años de planeamiento y preparación del terreno. Las primeras obras y la colocación de los cimientos de la base comenzaron al año siguiente. La elevación de la torre marchaba a buen ritmo y se esperaba cumplir con los plazos establecidos para su inauguración. Pero el 25 de junio de 2013 se produjo un accidente, debido al golpe de varios elementos de acero entre los que se hallaba un tubo de gas, que pudo haber paralizado la obra. Este golpe causó una explosión que afectó gravemente a varios trabajadores, provocó la muerte de uno de ellos y heridas de consideración a otros cinco. Sin embargo, dado que la estructura de la construcción no fue dañada, no hubo necesidad de postergar la fecha de culminación. Finalmente, la Lotte World Tower tuvo su ceremonia de apertura el 3 de abril de 2017.

55

LEED, LA CALIFICACIÓN AMBIENTAL

Leadership in Energy & Environmental Design (LEED) es un sistema de certificación de edificios sostenibles creado por el US Green Building Council (Consejo de la Construcción Verde de Estados Unidos). Desde 1993, este sistema que califica a los rascacielos se utiliza en varios países del mundo. Básicamente, se compone de un conjunto de normas que examina la incorporación en los edificios de aspectos relacionados con sitios sostenibles (SS), ahorro de agua (WE), energía y atmósfera (EA), materiales y recursos (MR), calidad ambiental de los interiores (IEQ) e innovación en el diseño (ID). Estas categorías otorgan una calificación de hasta 100 puntos y certifican la calidad del rascacielos de acuerdo con una escala de cuatro niveles: Certificado (LEED Certificate), Plata (LEED Silver), Oro (LEED Gold) y Platino (LEED Platinum). La certificación tiene como objetivo avanzar en la utilización de estrategias que permitan una mejora global en el impacto ambiental de la industria de la construcción.

La Lotte World Tower es la más alta de Asia entre los edificios que no se localizan en China. Su increíble silueta se yergue entre la clásica estructura de Seúl.

Vista nocturna de la Lotte World Tower.

LO ÚLTIMO EN ASCENSORES

El CTF Finance Centre está equipado con los elevadores de alta velocidad más rápidos del mundo. Producidos por la empresa Hitachi, estos pueden alcanzar una velocidad máxima que les permite subir 1.200 m de altura por minuto, algo así como 20 m por segundo a 72 km/h. A raíz de esto, solo les toma 43 segundos elevarse desde el primer piso del edificio hasta el piso 95, lo que equivale a cubrir una distancia de 440 m.

CTF FINANCE CENTRE, EFICIENCIA EN ESPACIOS

Este rascacielos con vistas al río Perl, en Cantón, es el segundo edificio que integra el complejo financiero y está situado al lado de la torre Guangzhou International Finance Center, en el distrito de Tianhe, en Guangzhou. Por este motivo ambas torres son popularmente conocidas como las Torres Gemelas de Cantón. La del oeste, el Guangzhou International Finance Center, es un rascacielos de 103 pisos y 439 m de altura diseñado por Wilkinson Eyre, y se puso en funcionamiento en 2010. En tanto, la torre del este, el CTF Finance Centre, fue ideada por Kohn Pedersen Fox (KPF) y alcanza una altura final de 530 m, con 111 pisos; fue inaugurada en 2016. Ambas estructuras están situadas en la zona de Zhujiang New Town, el distrito central de negocios de la ciudad.

La fachada del CTF Finance Centre fue diseñada para enfatizar su verticalidad. Con una combinación de vidrio, madera y piedra, envuelve a la torre y ofrece amplias terrazas que ofician de observatorios. El edificio cuenta con 208.000 m² de oficinas, 74.000 m² de departamentos, y 46.000 m² destinados a la hotelería. Además, cuenta con 5 pisos subterráneos, que tienen aproximadamente 30 m de profundidad. Allí conviven áreas de venta minorista, estacionamientos, espacios de descarga de mercadería y salas de maquinarias con una estación de enlace conectada al ferrocarril público.

Este rascacielos emplea una serie de herramientas de eficiencia energética con el fin de reducir su impacto ambiental. En tanto, la estructura interior se compone de 8 columnas gigantes de tubos I

Situado en el complejo financiero de Guangzhou, el CTF Finance Centre está destinado principalmente a oficinas.

Tianjin es otra de las ciudades chinas con proliferación de rascacielos. El Tianjin CTF Finance Centre se ubica en el centro financiero de la metrópoli.

TIANJIN CTF FINANCE CENTRE, LA FUNCIONALIDAD AL SERVICIO

Este rascacielos representa todo un hito para Tianjin, una ciudad portuaria con una creciente región urbana que, gracias al tren de alta velocidad, está a solo media hora de Beijing. El Tianjin CTF Finance Centre se localiza en Binhai New Area y, con una altura de 530 m y 97 pisos, es el segundo edificio más alto de la ciudad, superado únicamente por el Goldin Finance 117.

El diseño de la torre es su característica más llamativa. Luce una silueta audaz, definida por una serie de curvas que convergen en una corona de celosía abierta. Una fachada de vidrio envuelve la forma sinuosa del rascacielos. Justamente, crear una fuerte presencia en el horizonte fue uno de los objetivos de los diseñadores, ya que la torre representa el crecimiento de la ciudad.

Al momento de definir la estructura del Tianjin CTF Finance Centre se tuvo en especial consideración la combinación de usos de la torre, dado que tendría oficinas, departamentos y un hotel. Y como cada una de estas áreas requiere cualidades y especificaciones de construcción diferentes, los ingenieros decidieron «apilar» cada una de las plantas destinadas a dichas áreas y de esa manera aprovechar al máximo el espacio disponible. Así, en los pisos más bajos se localizan las oficinas, en los del medio las residencias y arriba de todo, el hotel. Esta solución produjo la forma cónica del Tianjin CTF Finance Centre, con pisos de oficinas que tienen un área de hasta 3.800 m² en la base, mientras que los departamentos residenciales y el hotel ocupan plantas superiores de 1.800 m², cerca del pináculo.

En cuanto al armazón, los ingenieros crearon un diseño híbrido: una estructura escalonada de núcleo a núcleo con un sistema de columnas de perímetro inclinado. Esto resolvió no solo los desafíos estructurales, sino también el inconveniente de las fuerzas del viento y la seguridad frente a los terremotos.

63

CITIC TOWER, MÁXIMA SEGURIDAD

Ubicado en el distrito central de negocios de Pekín, conocido como Beijing Central Business, CITIC Tower se erige como el edificio más alto de la capital de la República Popular China. Más conocido como China Zun Tower, este rascacielos debe su llamativo diseño a la forma de un antiguo vaso de vino chino, según el CITIC Group, la compañía que encargó su construcción. Este utensilio ceremonial es tradicional en la cultura local y simboliza la buena voluntad comunitaria. Kohn Pedersen Fox (KPF) fue la firma responsable de la esbelta imagen del China Zun. La estructura del edificio supone una representación abstracta del zun, ya que las formas de esta vasija son realmente peculiares. Su silueta comienza con una base de unos 78 m de ancho, que se eleva hasta estrecharse a los 54 m hacia la mitad de la torre, para ampliarse nuevamente hasta los 69 m en su punto más alto. La suave curva central de la torre le da al edificio una impronta de diseño contemporáneo y muy elegante.

El China Zun se construyó para crear un punto de referencia visible para toda la ciudad y la población, al tiempo que se erige como una representación cabal de la historia de Pekín. Situado en el distrito financiero de esta megaciudad, el edificio –de 108 plantas y 528 m de altura– comenzó a izar sus pilares el 19 de septiembre de 2011 y fue inaugurado oficialmente en 2018. Cuenta con un centro de negocios y 60 pisos que albergan las oficinas del CITIC Group y el CITIC Bank, entre otras compañías, como principales locadores. Además, la torre está compuesta por 20 plantas destinadas a departamentos de lujo y 20 pisos consignados a las 300 habitaciones de un hotel la más alta calidad. Uno de los atractivos interiores más interesantes de este rascacielos es su observatorio, emplazado en el piso 105.

Probablemente China Zun Tower siga siendo el edificio más alto de Beijing en el futuro, debido a que en 2018 las autoridades de la ciudad capital limitaron los nuevos proyectos edilicios en el distrito comercial central a una altura máxima de 180 m. ¿El objetivo? Por un lado, reducir la congestión edilicia, pero también existe un tema no menor…

El diseño de la CITIC Tower refleja la tradición de su país. Se la conoce popularmente como China Zun Tower.

CUESTIÓN DE ESTADO

La noticia la dio a conocer en abril de 2018 *Ming Pao*, un periódico de Hong Kong de gran circulación. Y causó un fuerte revuelo en el Beijing Central Business. El diario informó que los tres pisos superiores de CITIC Tower –es decir, las plantas 106, 107 y el observatorio del piso 108– serían expropiados por el aparato de seguridad nacional. ¿El motivo? Todo el complejo Zhongnanhai, sede del Comité Central del Partido Comunista de China y el Consejo de Estado de la República Popular de China, podía ser observado desde la cima del rascacielos a simple vista, durante cualquier día soleado. Por este motivo se infirió que, por medio de telescopios militares y diversos equipos de monitoreo, se podía visualizar con lujo de detalle la vida cotidiana y las actividades que realizaban tanto el partido como los líderes del Estado. Producto de esta situación, las autoridades del CITIC Group ordenaron la modificación de la zona superior del edificio, pero adujeron «problemas de seguridad contra incendios». También se dice que los tres pisos superiores del edificio son administrados por las autoridades de Seguridad Nacional después de la rectificación. Por este motivo, los turistas que ingresan al observatorio del China Zun están sujetos a inspecciones de seguridad y no pueden llevar telescopios ni otros artículos de nivel profesional.

KPF Y SU SELLO EN EL MUNDO ORIENTAL

Eugene Kohn, William Pedersen y Sheldon Fox fundaron KPF Associates (sigla formada con la inicial de cada apellido) en 1976, en Estados Unidos. Su primer trabajo importante fue la construcción del 333 Wacker Drive, en 1979, ubicado en la ciudad de Chicago. Casi cuarenta y cinco años después de su nacimiento, es una de las principales firmas de arquitectura a escala mundial. Con sede en Nueva York y oficinas en Londres, Abu Dabi, Hong Kong y Seúl, la compañía es conocida por su diseño de rascacielos. Si bien sus trabajos pueden apreciarse en diferentes rincones del planeta, KPF tiene una fuerte presencia en el mundo oriental, ya que es responsable del diseño de cuatro de los actuales diez edificios más altos del mundo, entre ellos el centro financiero Ping An en Shenzhen, la Torre Lotte World en Seúl, el centro financiero CTF en Guangzhou y la Torre CITIC, entre otros.

TAIPEI 101, LA MARAVILLA DE TAIWÁN

El único rascacielos asiático que a mediados de 2020 supera los 500 m de altura y no está ubicado en China es nada menos que el Taipei 101. Esta sorprendente torre va mucho más allá de sus 508 m de altura y 101 pisos, ya que además de ser uno de los más elevados del mundo, es también uno de los más ecológicos del planeta. Sin embargo, en cierto momento fue el edificio más alto del mundo: el 17 de octubre de 2003, con una ceremonia presidida por el alcalde de la ciudad, Ma Ying-jeou, este rascacielos fue coronado con la colocación del pináculo que le permitió superar la altura de las Torres Petronas, en Kuala Lumpur, por 56 m. Hasta este momento, las gemelas malayas ostentaban el título de edificio más alto del mundo. El récord que el Taipei 101 no pudo sobrepasar fue el de la mayor altura desde el suelo hasta la cúspide (incluidas las antenas), ya que esta marca continuó siendo de la Torre Sears, de Chicago, con 527 m (hasta la inauguración del espectacular Burj Khalifa).

En cuanto al aspecto medioambiental, cada una de las plantas del Taipei 101 cuenta con una plataforma de gestión energética para edificios. Este sistema ha sido fundamental a la hora de obtener el certificado LEED Platinum, la más alta calificación que otorga el sello que reconoció el liderazgo de este rascacielos en materia de eficiencia energética y diseño sostenible. El sistema, entre múltiples aspectos, permite comprobar el consumo de energía, agua y calidad ambiental en tiempo real e identificar y resolver potenciales problemas. Dentro de este contexto, los vidrios «azul-verdosos» característicos del Taipei 101 cuentan con un doble acristalamiento para proteger del calor y de la radiación ultravioleta de una manera mucho más eficiente. Gracias a esto, los paneles de vidrio pueden bloquear hasta un 50% del calor que ingresa al interior del edificio.

La construcción del Taipei 101 se inició en 1999, y se terminó aproximadamente en cinco años: su inauguración oficial fue el 31 de diciembre de 2004. Según sus creadores, el diseño de este rascacielos fue inspirado en una serie de elementos chinos que posibilitaron su edificación de acuerdo con los conceptos

69

El Taipei 101 es un rascacielos asombroso. Además de haber sido el más alto del mundo cuando fue inaugurado, su diseño tiene una férrea relación con el simbolismo.

de ocupación consciente y armónica del espacio que preconiza el Feng Shui, para proteger a sus inquilinos de las malas influencias. Al igual que otros edificios emblemáticos, el Taipei 101 suele cambiar su iluminación exterior para celebrar diferentes acontecimientos mundiales. Por ejemplo, en febrero de 2020 se iluminó en homenaje al personal médico comprometido contra la pandemia de COVID-19.

Los segmentos repetidos simultáneamente que dan forma a su fachada recuerdan la estructura de una pagoda, pero también el tallo de bambú, que es símbolo de la fortaleza eterna. Y si hablamos de simbolismo, a diferencia de la gran mayoría de los rascacielos del mundo, este coloso de Taiwán lo tiene muy presente en todo su concepto edilicio. Su altura de 101 pisos conmemora la renovación del tiempo, es decir, el nuevo siglo que llegó cuando las torres estaban en construcción (100 + 1). Y también simboliza los altos ideales derivados de ir uno más allá del 100, un número tradicionalmente asociado a la perfección. A su vez, la torre principal incluye una serie de 8 segmentos de 8 pisos cada uno: en la cultura china, se asocia el número 8 con la prosperidad. Mientras, las figuras Ruyi aparecen en la estructura como ornamentos y como talismán, y simbolizan la buena fortuna en la tradición china.

El centro comercial del Taipei 101 ocupa varios pisos y alberga cientos de tiendas de moda, restaurantes y clubes, entre otras atracciones.

TERREMOTOS, ¿UN DESAFÍO INSUPERABLE?

La ciudad de Taipéi está situada cerca del «cinturón de fuego» del Pacífico, es decir, el área sísmica más activa del planeta. En esta zona, en promedio, un terremoto sacude la superficie casi dos veces al año. Debido a este fenómeno de la naturaleza, los ingenieros del Taipei 101 debieron considerar que en algún momento el rascacielos tendría que lidiar con los movimientos generados por un sismo.

Para mantener la rigidez estructural ante los temblores, los especialistas aseguraron que el rascacielos necesitaba tener en sus entrañas algunos puntos estratégicos más flexibles que otros. Por eso el corazón de esta torre aloja 36 tubos de acero rellenos de concreto que le proporcionan la resistencia necesaria: ante un terremoto, las columnas que sustentan la estructura permanecerían intactas. En tanto, el resto de la estructura es más elástica, es

decir, tiene la capacidad de balancearse ante la eventual aparición de los imprevisibles movimientos sísmicos. La importante capacidad de absorción de movimiento de esta estructura reside también en la incorporación, en la planta 92, de un amortiguador de masa formado por una gran bola dorada de acero de 680 toneladas de peso, compuesta de planchas metálicas, suspendida con tensores desde su parte alta y sujeta en su base con bombas hidráulicas.

El esperado primer sacudón se produjo el 31 de marzo de 2002. Un terremoto de magnitud 6,8 en la escala de Richter azotó Taipéi. La madre naturaleza puso a prueba este diseño en plena construcción. El temblor destrozó edificios pequeños y se cobró varias víctimas fatales (entre ellos, cinco obreros), pero el Taipei 101 se mantuvo en pie. Según sus constructores, en caso de terremotos, este rascacielos es el lugar más seguro de la ciudad.

LOS EDIFICIOS MÁS ALTOS DEL MUNDO

Estos son los 20 rascacielos finalizados y coronados más altos del mundo, hasta abril de 2020. La lista determina su altura según una metodología de calificación estándar, la cual incluye agujas o pináculos y detalles arquitectónicos, pero no mástiles ni antenas. La mayoría de estos edificios están ubicados en Asia. Esto representa, sin lugar a dudas, una muestra más del gran impulso geoestratégico, demográfico y económico que ha adquirido esta región del planeta.

1. **Burj Khalifa**
   828 m / 163 pisos
   Dubái, 2010

2. **Torre de Shanghái**
   632 m / 128 pisos
   Shanghái, 2015

3. **Abraj Al-Bait**
   601 m / 120 pisos
   La Meca, 2012

4. **Ping An Finance Center**
   599 m / 115 pisos
   Shenzhen, 2017

5. **Goldin Finance 117**
   597 m / 128 pisos
   Tianjin, 2020

6. **Lotte World Tower**
   555 m / 124 pisos
   Seúl, 2017

7. **One World Trade Center**
   541 m / 94 pisos
   Nueva York, 2014

8. **CTF Finance Centre**
   530 m / 111 pisos
   Guangzhou, 2016

9. **Tianjin CTF Finance Centre**
   530 m / 97 pisos
   Tianjin, 2019

10. **CITIC Tower**
    528 m / 108 pisos
    Pekín, 2018

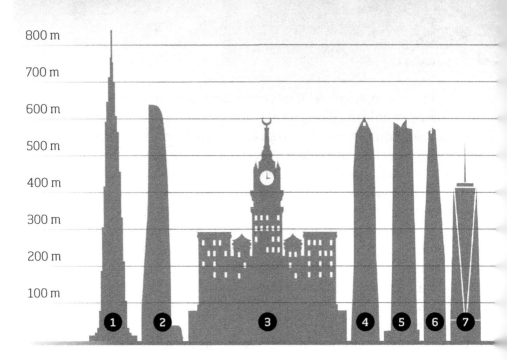

11. **Taipei 101**
508 m / 101 pisos
Taipéi, 2004

12. **Shanghai World Financial Center**
492 m / 101 pisos
Shanghái, 2008

13. **International Commerce Centre**
484 m / 108 pisos
Hong Komg, 2010

14. **Wuhan Greenland Center**
476 m / 97 pisos
Wuhan, 2020

15. **Central Park Tower**
472 m / 98 pisos
Nueva York, 2020

16. **Lakhta Center**
462 m / 87 pisos
San Petersburgo, 2019

17. **Landmark 81**
461 m / 81 pisos
Ciudad Ho Chi Minh, 2018

18. **Changsha IFS**
452 m / 94 pisos
Changsha, 2018

19. **Torres Petronas**
452 m / 88 pisos
Kuala Lumpur, 1998

20. **Suzhou IFS**
450 m / 98 pisos
Suzhou, 2019

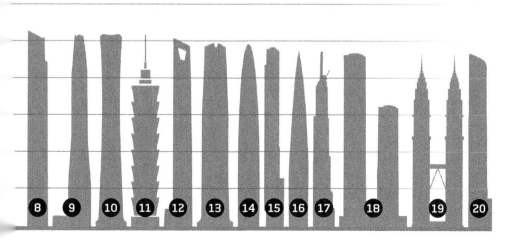

BURJ KHALIFA

El más alto

Erguido en el territorio de uno de los siete emiratos que componen los Emiratos Árabes Unidos, este gigante arquitectónico se eleva con sus 828 m de altura. El Burj Khalifa es el edificio más alto del mundo. Esta lujosa y excéntrica torre fue inaugurada en 2010 con una majestuosa fiesta de fuegos artificiales jamás vista.

LA JOYA DE ORIENTE

Dubái es uno de los siete emiratos que integran los Emiratos Árabes Unidos. Su capital lleva el mismo nombre y está situada sobre la costa del golfo Pérsico, en el desierto de Arabia. Al sur limita con el emirato de Abu Dabi, al nordeste con el de Sharjah y, por medio del enclave de Hatta, con el Sultanato de Omán al sudeste y con los emiratos de Ajman al oeste y Ras al-Khaimah al norte. Dubái tiene una superficie total de 4.114 km² y más de 3,35 millones de habitantes.

El Burj Khalifa de Dubái es –en 2020– el edificio más alto del mundo. La estructura artificial más alta sobre la faz del planeta y uno de los grandes logros arquitectónicos de la historia humana. Una impresionante obra de arte y una hazaña incomparable de la ingeniería. En concepto y ejecución, el Burj Khalifa no tiene precedentes. Para muchos, sin embargo, es bastante más que eso: es un ejemplo de cooperación internacional, un símbolo de progreso y un emblema del nuevo y próspero Oriente Medio. Por supuesto, dentro de este marco también es una prueba tangible del creciente papel que cumple Dubái en un mundo cada vez más globalizado y cambiante, ya que es una ciudad que no para de crecer: en menos de treinta años, se ha transformado de un centro regional a uno mundial.

Emaar Properties PJSC es la principal desarrolladora del Burj Khalifa y una de las empresas inmobiliarias más grandes

Los 828 m de altura del Burj Khalifa se erigen sobre el desierto de Dubái.

del mundo. Mohamed Alabbar, presidente de Emaar Properties, es claro cuando se refiere a este magnífico edificio: «El Burj Khalifa va más allá de sus imponentes especificaciones físicas. En él vemos el triunfo de la visión de Dubái, de lograr lo aparentemente imposible y establecer nuevos puntos de referencia. El Burj Khalifa es una fuente de inspiración para cada uno de nosotros, en Emaar. El proyecto es una declaración de las capacidades del emirato y de la determinación de sus líderes de trabajar en proyectos verdaderamente inspiradores». La colaboración del *sheikh* Mohammed bin Rashid Al Maktoum, vicepresidente y primer ministro de los Emiratos Árabes Unidos y gobernador de Dubái, fue fundamental para concretar esta megaestructura.

Para llevar adelante su propuesta, Emaar involucró a uno de los más prestigiosos estudios de arquitectura de Estados Unidos, Skidmore Owings y Merrill (SOM), que tiene su sede en Chicago, casualmente la tierra natal de los rascacielos. Antes de tomar este colosal proyecto, el currículum de SOM tenía dos trabajos de renombre: el One World Trade Center y la Torre Sears. El diseñador y creador del Burj Khalifa fue el arquitecto estadounidense Adrian Smith, quien en medio del proyecto abandonó SOM –tras cuatro décadas de trabajo– para fundar su propia empresa: Adrian Smith + Gordon Gill Architecture.

Obviamente, Emaar y SOM sabían que, para construir el Burj Khalifa, no era una alternativa viable aferrarse a un proyecto antiguo y simplemente agregarle algunos pisos más. La mayor altura respecto al resto de los rascacielos construidos hasta ese momento

82

CAMBIOS ANTES DE TIEMPO

El proyecto inicial del Burj Khalifa difiere bastante de lo que finalmente fue el edificio. Primero, su nombre sería Grollo Tower y mediría 570 m, lo suficiente para superar al Taipei 101 y convertirse en el edificio más alto del mundo. Segundo, se iba a situar en Australia. Y tercero, el diseño consistía en un prisma con una punta iluminada. Luego se decidió aumentar la altura a más de 600 m, pero una vez que se confirmó que la ciudad de Dubái recibiría a este coloso, su diseñador aseguró que iba a superar los 700 m de altura. A partir de ahí se diseminaron por todo el planeta diferentes rumores sobre su elevación total… y hasta se llegó a decir que podía superar los ¡1.300 m!

implicaba incursionar en una serie de desafíos de ingeniería. A medida que los pisos se sitúan más cerca del cielo, los arquitectos deben inventar nuevas formas estructurales. El principal objetivo era superar al por entonces rascacielos más alto del mundo: el Taipei 101 de Taiwán y sus 508 m de elevación.

UNA OBRA DESCOMUNAL

El área donde se erige el Burj Khalifa tenía un aspecto muy diferente el 6 de enero de 2004, cuando las obras de construcción se pusieron en marcha. La zona era poco más que una vasta y desolada extensión desértica. Por entonces, la ciudad de Dubái alojaba a 17 de los 100 rascacielos más altos del mundo, que pronto quedarían en ridículo frente a la comparación con este «monstruo». El Burj Khalifa se inauguró oficialmente el 4 de enero de 2010, exactamente 1.325 días después de que comenzaran las obras. Con sus 828 m, superó el récord de altura anterior, el del Taipei 101, en más de 300 m. Su creación requirió la participación de decenas de miles de trabajadores de extraordinario coraje, junto con líderes escrupulosos y algunas de las mejores mentes de la arquitectura mundial.

83

El primer interrogante surgido fue si los cimientos serían lo suficientemente fuertes como para mantener en pie a este gigante de acero y concreto. Por eso, previamente, en el sitio de construcción se llevó a cabo un análisis del suelo. Y los ingenieros del proyecto se llevaron la primera gran sorpresa: el suelo era una capa superficial de arena de unos 3 o 4 m de profundidad y debajo había arenisca; tampoco la piedra caliza se encontraba en condiciones ideales para recibir tamaña estructura. La roca tenía una resistencia muy pobre, muy débil, y era fácilmente fracturable. Por ende, no podía soportar mucho peso. Los cimientos del Burj Khalifa descansarían sobre una base muy diferente de la que se puede encontrar en otras partes del mundo.

Debido a este problema, los ingenieros decidieron realizar una excavación de unos 50 m de profundidad para empezar a apuntalar el sustento de este descomunal rascacielos con unas columnas.

Para poder soportar el peso de la estructura, la base de este rascacielos cuenta con una serie de columnas de concreto y acero enterradas en el débil suelo del desierto.

El límite ya no lo establecía la calidad del suelo sino la maquinaria que se usaría para la perforación. Una vez comenzadas las labores, descubrieron un problema mayor: además de toparse con rocas que continuaban siendo demasiado frágiles, estas estaban rodeadas de aguas subterráneas. De modo que cualquier agujero que allí se realizara se derrumbaría enseguida. Para mantener estables los pozos donde se vertiría el hormigón, antes de rellenar los agujeros los ingenieros utilizaron una sustancia viscosa de polímeros. Este material «empuja» las aguas subterráneas y los fragmentos de roca hacia los extremos del agujero y lo mantienen abierto para que pueda ingresar el hormigón. Esto es posible porque el polímero es más denso que el agua pero más líquido que el hormigón. Y, como no se mezclan, el concreto puede desplazar la sustancia hacia los laterales del pozo y endurecerse para formar un cimiento. En total, el equipo de ingenieros decidió insertar 192 postes de 1,5 m de diámetro para soportar una plataforma de hormigón de 3,7 m de espesor. Como era esperable, la base finalmente cedió, pero solo unos 75 mm. Ya estaba lista para soportar un edificio de más de 500.000 toneladas.

La estructura del Burj Khalifa responde a una especie de núcleo que hace las veces de soporte para todo el rascacielos. Este

85

El edificio en construcción hacia agosto de 2009.

núcleo es básicamente un hexágono central ubicado en el corazón del edificio, que se encarga de resistir la torsión. Pero como esta contención que actúa sobre la torre no es suficiente cuando se llega a ciertas alturas, la estructura también debe tener dónde apoyarse. Para esto se adicionaron soportes laterales, situados sobre tres caras del núcleo, que crean tres «alas» principales, las cuales discurren hacia diferentes direcciones y sirven de complemento al soporte que brinda el propio núcleo. Cada una de estas alas apuntala a las demás. Si se observa desde arriba, la forma de la base es una «Y» de lados y ángulos iguales. Nunca antes se había utilizado una estructura de este tipo: la gran base de la torre contribuye a soportar el enorme peso del acero y el concreto. Y es una solución original que ha permitido construir un edificio de 160 pisos como el Burj Khalifa.

Además de sus ventajas estéticas y funcionales, este diseño aportó algo singular: a medida que avanzan los pisos, la estructura genera una silueta como si fuera una espiral. Esta distribución ayuda a reducir las fuerzas del viento sobre la torre. Por otra parte, como las paredes del corredor se extienden desde el núcleo central hasta cerca del final de cada ala, además de reforzar la base, permiten que en cada piso ingrese gran cantidad de luz natural. Todo el concreto vertical se utiliza para soportar cargas tanto de gravedad como laterales. El resultado es una torre extremadamente rígida tanto lateral como torsionalmente.

Para su construcción se utilizaron más de 330.000 m³ de concreto y 39.000 toneladas de barras de acero. Se dice que la edificación demandó un total de 22 millones de horas/hombre, y los trabajadores pusieron en práctica la forma más rápida de construir una torre como el Burj Khalifa: el proceso conocido como *jumpform system*. Esta metodología tiene un funcionamiento simple y eficaz: primero se construyen los moldes de acero en la base de la obra, luego se envían hasta el interior de un molde (denominado encofrado autoportante) y por último se vierte el concreto. Cuando el concreto se solidifica (doce horas después, aproximadamente), los moldes se transfieren de forma automática al piso superior (mediante un sistema hidráulico) y el proceso comienza de nuevo. Gracias a este sistema, el edificio fue creciendo a la velocidad de un piso terminado por semana. La grúa canguro o grúa torre era desde hacía ya largo tiempo la elegida para las construcciones que utilizaban la prefabricación, pero en el Burj Khalifa este sistema alcanzó una nueva categoría.

Si se observa desde arriba, la forma de la base de la torre es una «Y» de lados y ángulos iguales. Nunca antes se había utilizado una estructura de este tipo.

La calidad del hormigón también cumplió un papel determinante para sostener en pie el Burj Khalifa: alrededor de 25 ingredientes se fusionaron para obtener una mezcla que mantenía su estado líquido a pesar de dos factores cruciales. Uno, la altura a la que debía viajar el concreto (y por ende, el tiempo de traslado dentro de las tuberías) y, dos, las altas temperaturas que azotan a la ciudad. Transportar el hormigón hasta el piso donde se encontraban los moldes lógicamente resultaba cada vez más difícil a medida que se avanzaba de piso. Para enviar el hormigón se utilizaron 630 bombas hidráulicas que repartían las 25 toneladas de concreto que podía transportar cada tubería. El problema que debieron solucionar los ingenieros fue que, si el hormigón era demasiado fino, se secaba lentamente y causaba retrasos, y si era demasiado denso, se endurecía antes de tiempo y podía bloquear las tuberías. A esto tuvieron que sumarle el escollo de la temperatura: los 45 °C calentaban demasiado el hormigón y se corría el riesgo de que se secara antes de lo necesario. La respuesta que encontraron fue trabajar con el concreto por las noches, con la menor temperatura ambiental posible.

LIDIAR CON EL VIENTO

La gravedad, el sol y el viento. De los efectos de la naturaleza, este último es el que más amenaza los rascacielos. Es el elemento más peligroso e impredecible. La Torre Sears de Chicago fue pionera en la implementación de nuevas técnicas de construcción para contrarrestar la fuerza del viento. Pero el Burj Khalifa la duplicó en altura. Por eso, para determinar los efectos que el viento tendría en la torre y sus ocupantes, se realizaron más de 40 pruebas de túnel de viento. Estos análisis iban desde pruebas iniciales para verificar el clima eólico de Dubái, hasta grandes modelos que sometían la estructura a una compleja evaluación y pruebas de presión de fachadas. También se examinó el efecto del microclima que se produciría en las terrazas y en los alrededores de la base de la torre. Los ingenieros tuvieron que determinar la magnitud del «efecto chimenea» que afecta el diseño de edificios superaltos y que surge de los cambios de presión y temperatura con la altura.

89

   Los especialistas estimaron que el Burj Khalifa tenía que estar preparado para soportar ráfagas de hasta 240 km/h. Por eso, debido a su altura, el peligro ya se centraba en un fenómeno particular llamado «desprendimiento de vórtice», algo así como minitornados que se forman producto del aire que corre alrededor del edificio y afectan mayormente los laterales de los rascacielos. Claro, cuanto más alta es la construcción, más peligrosos se vuelven los vórtices.

   Estas grandes fuerzas son perpendiculares a la dirección del viento. Por eso, si un edificio fuera a derrumbarse por efecto de una corriente de aire, es más probable que caiga perpendicular a este y no en su misma dirección. Así, antes de diseñar el Burj Khalifa los arquitectos decidieron que lo mejor era «engañar» al viento en lugar de luchar contra su fuerza. Y la forma de hacerlo no era construir una torre plana, sino componerla de partes que redistribuyeran las ráfagas de viento. En efecto, cada parte de la torre está diseñada para desviar el viento de una forma distinta y evitar que se produzcan los desprendimientos de vórtice. A grandes rasgos, cuando el viento sopla hacia el rascacielos, cada lateral lo despide de manera y a un ritmo diferentes, e impide que su fuerza conjunta afecte la estructura.

Debido a su ingenioso diseño, las ráfagas de viento a semejante altura no son un problema para la estabilidad del gigante árabe.

PELIGRO EN LAS TERRAZAS

Una de las características principales en el diseño del Burj Khalifa son los balcones externos, obviamente, los más altos del mundo. ¿Cómo podrían habitarlos las personas si los vientos llegan a 240 km/h? Primero, se decidió la instalación de alarmas que se disparan tan pronto como la velocidad del viento en el balcón excede un límite riesgoso para las personas. En ese momento, por seguridad, no se puede utilizar ninguna de las terrazas.

De todas formas, a la altura en que se encuentran estos balcones, es normal que el viento alcance una velocidad de 130 km/h, equivalente a un huracán de categoría 1. Para hacer habitable la vida en las terrazas, los ingenieros del Burj Khalifa resolvieron el problema al crear balaustradas de vidrio que detienen el ingreso del viento en los balcones. Además, diseñaron unas estructuras arquitectónicas que evitan que el viento que pase las balaustradas sople en la superficie, junto con unas rejillas que evitan que las corrientes de aire descendentes impacten sobre las personas.

PUERTAS ADENTRO, LUJO Y FUNCIONALIDAD

Los 163 pisos que erigen a este gigantesco rascacielos cuentan en su interior con instalaciones que cumplen diferentes funciones y también están diseñadas para múltiples usos. Por citar algunos pisos, del vestíbulo al nivel 8 se encuentra el hotel Armani; del 9 al 16 y del 19 al 37 se hallan las lujosas residencias Armani de una y dos habitaciones. Por su parte, los pisos 38 y 39 pertenecen a las *suites* del propio hotel. Los pisos 45 a 108 son residencias privadas ultralujosas. Las *suites* corporativas ocupan la mayoría de los pisos restantes, excepto el nivel 122, donde se encuentra el restaurante At.mosphere, y el nivel 124, que cobija el observatorio público de la torre, bautizado At the Top.

Para la comodidad de los propietarios de las viviendas, la torre se ha dividido en secciones con *sky lobbies* exclusivos en los niveles 43, 76 y 123, que cuentan con instalaciones de *fitness* de última generación e incluyen *jacuzzi* en los dos primeros niveles. Los *sky*

El lujo interior del Burj Khalifa representa a la perfección la ostentación del mundo árabe.

Interior del observatorio At the Top, una de las principales atracciones del megaedificio.

Lobby principal de planta baja.

lobbies en los pisos 43 y 76 albergan piscinas abiertas al exterior –ofrecen la opción de nadar desde el interior hacia el balcón exterior– y salas recreativas, las cuales se pueden utilizar para reuniones y eventos. Otras instalaciones para residentes incluyen una biblioteca y una tienda *gourmet*. Para trasladarse por sus instalaciones, el Burj Khalifa cuenta en su interior con 57 ascensores y 8 escaleras mecánicas, más el ascensor de servicio, que posee una capacidad de carga de 5.500 kg y es –por supuesto– el ascensor de su clase más alto del mundo. Los ascensores del observatorio At the Top son cabinas de dos pisos con capacidad para trasladar entre 12 y 14 personas por cabina y recorrer 10 m por segundo.

Por otro lado, siete pisos de dos niveles de altura alojan la maquinaria que pone en funcionamiento el Burj Khalifa. Distribuidos en toda la torre, los pisos mecánicos poseen subestaciones eléctricas, tanques de agua y bombas, unidades de tratamiento del aire y otros artefactos esenciales para el funcionamiento del rascacielos y la comodidad de sus ocupantes. Para lograr la mayor eficiencia, los servicios mecánicos, eléctricos y de plomería se desarrollaron en coordinación durante la fase de diseño, con la cooperación del arquitecto, el ingeniero estructural y otros consultores. El sistema de agua de la torre suministra un promedio de 946.000 L diariamente.

En su pico de enfriamiento, el edificio requiere aproximadamente 10.000 tn de frío, equivalente a la capacidad de enfriamiento proporcionada por alrededor de 10.000 tn de hielo derretido. El clima cálido y húmedo de Dubái, combinado con los requisitos de enfriamiento del edificio, crea una cantidad significativa de condensación. Esa agua se recoge y drena en un sistema de tuberías hacia un tanque de retención. El sistema de recolección del condensado proporciona unas 20 piscinas olímpicas de agua suplementaria por año. La demanda eléctrica máxima de la torre es de 36 MW, equivalente a 360.000 lámparas de 100 W encendidas al mismo tiempo.

Los cuatro pisos superiores del Burj Khalifa fueron reservados para las áreas de comunicaciones y radiodifusión. Estos pisos ocupan los niveles que se encuentran debajo de la aguja. El diseño interior de las áreas públicas del Burj Khalifa también fue

El famoso observatorio At the Top y salón al aire libre con vista panorámica desde los pisos 125 y 148.

realizado por Skidmore, Owings & Merrill, y fue dirigido por la galardonada diseñadora Nada Andric. Cuentan con vidrio, acero inoxidable y piedras oscuras pulidas, junto con pisos de travertino plateado, paredes de estuco veneciano, alfombras hechas artesanalmente y pisos de piedra. Los interiores se inspiraron en la cultura local, pero siempre se tuvo en cuenta el edificio como ícono y residencia global. A su vez, más de 1.000 obras de arte de destacados artistas de Oriente Medio e internacionales adornan el interior del rascacielos y el bulevar Mohammed Bin Rashid que lo rodea. Muchas de las piezas en exhibición fueron especialmente encargadas por Emaar para rendir homenaje al espíritu del proyecto. Las obras fueron seleccionadas como un medio para unir culturas y comunidades, y simbolizar que Burj Khalifa es una colaboración internacional.

UN CONTRATIEMPO INESPERADO

El revestimiento exterior de este colosal rascacielos fue diseñado para resistir el calor extremo en Dubái, donde las temperaturas alcanzan fácilmente los 40 °C a la sombra y la humedad promedio es del 90%. Un entorno realmente complejo para un edificio de esta naturaleza. Pero también para garantizar aún más la integridad de su estructura. De hecho, para probar su resistencia, antes de colocar los paneles se puso a prueba un sector que debió soportar las ráfagas de viento y agua que produjo el motor de un avión de la Segunda Guerra Mundial. Sin embargo, cuando las pruebas dinámicas arrojaron los resultados esperados, surgió un problema que nadie esperaba.

Mientras la estructura definitiva del Burj Khalifa comenzaba a manifestarse en la bruma de Dubái, el equipo de ingenieros aguardaba la llegada de los paneles para empezar a concretar la forma exterior de la torre y avanzar con las tareas en el interior de los pisos. Pero la compañía encargada de proveer los paneles se declaró en quiebra y el proyecto corrió peligro de no terminarse a tiempo. A contrarreloj y para evitar perder la mayor cantidad de dinero posible, SOM contrató a una firma local para la provisión de los paneles. Sin embargo, el daño ya estaba hecho y la construcción de la fachada se retrasó ¡dieciocho meses!

La empresa contratada levantó una nueva fábrica para la producción exclusiva de los paneles para el Burj Khalifa. Las pruebas efectuadas sobre el diseño y la estructura de los paneles demandaron cuatro meses, hasta encontrar la calidad necesaria. Después surgió otro problema: el calor. La concepción original de los paneles dejaba entrar demasiado calor y podría convertir el interior de este rascacielos en el sauna más grande –y más alto– del mundo. Esto era producto de que el cristal exterior, revestido con una fina capa de metal, desviaba la radiación ultravioleta, pero la protección solar resultaba inútil frente a los rayos infrarrojos que irradiaba la arena caliente del desierto. A partir de este descubrimiento, los paneles recibieron un segundo revestimiento, esta vez en el cristal interior, con una fina capa de plata que logró contener el ingreso de los rayos infrarrojos.

Más de 300 especialistas chinos en revestimiento fueron contratados para el trabajo de revestimiento en la torre. Para cubrir la fachada del Burj Khalifa se utilizaron cerca de 26.000 paneles. Cada uno fue cortado a mano individualmente, medía 6,4 m de largo y pesaba alrededor de 750 kg. Instalarlos, con las ráfagas de viento que golpeaban el edificio en todo momento, fue una tarea tan compleja como peligrosa.

101

FACTOR SEGURIDAD: TERREMOTOS E INCENDIOS

Con la impresionante base realizada con los 192 pilares de concreto y la plataforma de casi 4 m de espesor, sumadas a la ingeniería de construcción en cada una de sus partes, el Burj Khalifa puede soportar terremotos de magnitud 6 en la escala de Richter, según sus ingenieros. Por supuesto, también la seguridad contra incendios y la velocidad de evacuación fueron factores primarios en el diseño de esta torre de 828 m de altura. Como, razonablemente, no se puede pretender que las personas desciendan por más de 160 pisos ante una emergencia, en el interior del Burj Khalifa existen áreas de refugio cerradas herméticamente y con aire acondicionado.

Los atentados contra las Torres Gemelas establecieron un punto de inflexión en la historia de la humanidad, y también en materia de construcción de edificios. Luego de aquel fatídico 11 de septiembre, cuando fueron derribados los dos edificios principales del World Trade Center, se creyó que nunca más volverían a construirse rascacielos tan altos. Recordemos que en ese momento las Torres Gemelas eran el edificio más alto del mundo, además de uno de los principales centros comerciales de esa envergadura. El motivo era evidente: cuanto más se eleva la construcción, más complicada es la tarea de evacuación.

La estructura del Burj Khalifa está construida con materiales que son resistentes al fuego, por ende, la edificación cuenta con protección contra incendios. Pero, al tener casi el doble de altura que el World Trade Center, los ingenieros debieron tomar otros recaudos para proteger a los habitantes del Burj Khalifa en caso de una emergencia. Ante la duda de cuál sería la forma más rápida de evacuar a las personas de un edificio tan alto, por un momento la respuesta pareció una broma: no se las evacuaría. Este colosal rascacielos alberga en su interior 9 habitaciones de refugio construidas con capas de hormigón armado y planchas ignífugas. Las paredes de estos refugios tienen la capacidad de soportar el calor de un incendio por un período de más de dos horas, mientras que las puertas selladas impiden el ingreso del humo producido en el exterior. Cada albergue de seguridad

AGUAS DANZANTES

La fiesta no hubiese sido completa sin la participación de las fuentes de aguas danzantes ubicadas prácticamente al pie del Burj Khalifa. Estas fuentes –inspiradas en las que posee el Hotel Bellagio, en Las Vegas, Estados Unidos– ofrecen un dibujo en movimiento fabuloso y cuentan con diversos tamaños que se activan de forma sucesiva y generan una danza que es una verdadera belleza. Cabe mencionar que se la considera el sistema de fuentes danzantes más grande del mundo, además de ser una de las mayores atracciones de Dubái. Junto con el maravilloso movimiento que ofrece el agua al precipitarse hacia el lago, una serie de proyectores y luces alrededor otorgan un carácter colorido a los brotes de agua. Como no podía ser de otra manera, estos pueden alcanzar la impresionante altura de 275 m.

posee un suministro especial de aire, que ingresa por medio de unas tuberías también resistentes al fuego.

Estos refugios se encuentran distribuidos cada 25 pisos, por lo cual su ubicación debería ser accesible para cualquier persona. Claro que a ellos se llega por medio de escaleras. ¿Y si estas se llenan de humo? Sencillamente, eso no puede suceder: cuando los sensores contra incendio detectan la presencia de humo, activan una red de potentes ventiladores que se encargan de limpiar el aire y sacar el humo de las escaleras, y así liberan la vía de acceso a los refugios. Una vez adentro de estos albergues de seguridad, los ocupantes del Burj Khalifa pueden esperar allí hasta que los servicios de emergencia controlen el fuego.

EL PINÁCULO: LA AGUJA

104

El toque final en la estética del Burj Khalifa lo aporta su aguja telescópica, compuesta por más de 450 toneladas de acero. Y como ocurrió con casi todas las piezas de este rascacielos, fabricar y colocar esta aguja constituyó una tarea compleja y arriesgada. La idea de los diseñadores era que el edificio finalizara con un pináculo que transmitiera el carácter magnánimo de la construcción. Algo más que un detalle. Un elemento que lo identificara aún más. Una gigantesca aguja que se fuera afinando a medida que se extendía hacia el cielo era la mejor forma de culminar un proyecto que decididamente ya había pulverizado la hegemonía del desierto.

El trabajo de fabricación de la aguja debió realizarse en el interior del propio Burj Khalifa, ya que no existía ninguna grúa que pudiera elevarla desde la base del edificio y colocarla a semejante altura. Las más de 2.800 toneladas de peso del pináculo (cuya base se encuentra en el interior de los últimos pisos) se reparten en tres agujas de diferentes alturas y espesores. Como si el desafío aún no fuera suficiente,

La última aguja del Burj Khalifa debía situarse casi milimétricamente en una base de apenas 1,2 m de diámetro.

TODOS LOS RÉCORDS EN SU MOMENTO

- Edificio más alto del mundo, que supera al Taipei 101.
- Edificio con más número de plantas, que supera al International Commerce Centre.
- Edificio más alto hasta el último piso ocupado, que supera al Taipei 101.
- Edificio con el observatorio más alto, que supera al Empire State.
- Edificio con el elevador que viaja la mayor distancia en el mundo.
- Elevador de servicio más alto del mundo.
- Estructura más alta sostenida sin cables, que supera a la torre Tokyo Skytree.
- Estructura más alta del mundo, que supera a la torre Tokyo Skytree.
- Estructura más alta construida por el ser humano, que supera a la Torre de radio de Varsovia.
- Edificio más alto hasta la azotea, que supera al Taipei 101.
- Edificio más alto hasta el tope estructural, que supera al Taipei 101.
- Edificio más alto con antenas, que supera a la Torre Willis.
- Edificio más alto sin fachada (en tiempo de construcción), que supera al Hotel Ryugyong.
- Edificio con la piscina situada a mayor altura (piso 76).
- Edificio con la sombra proyectada más larga del mundo (2.467 m), que supera a la Torre Jin Mao de Shanghái.

la última aguja debía situarse casi milimétricamente en una base de apenas 1,2 m de diámetro. Todos los ingenieros que habían participado del megaproyecto llamado Burj Khalifa se dieron cita esa tarde para ser testigos de cómo, mediante una serie de elevadores hidráulicos, la aguja era insertada en su posición y amurada definitivamente para dar por terminada la obra más grande en la historia de la construcción de edificios.

LA PREPARACIÓN FINAL

Una vez finalizada la construcción de este coloso de los cielos, se pusieron en marcha los ajustes para su inauguración oficial: una I Para tener la torre lista para la ocasión, una vez que culminaron las obras comenzaron las labores de limpieza. Y dejar reluciente la fachada del Burj Khalifa fue otra tarea titánica: casi seis meses demoró la limpieza de los –aproximadamente– 26.000 paneles

de cristal que cubren la estructura de hormigón y acero de este megaedificio. Y se tuvieron que limpiar a mano.

Para entonces, algo estaba claro: el rascacielos sería iluminado en su totalidad por las luces para el espectáculo de inauguración. ¿Cómo instalar las siete lámparas que debían alumbrarlo desde la punta de la aguja? Los diseñadores y Emaar querían que la fiesta fuera perfecta e insistieron en que esas luces fueran colocadas en la cima del pináculo. ¿Alguien podría advertirlas a 828 m de altura, desde el pie del edificio? Imposible saberlo, pero las luces tenían que estar…

Para tamaña labor no se podía utilizar una grúa, así que se recurrió a un escalador profesional, quien tendría que hacer el trabajo solo y colgado de una cuerda. Una tarea peligrosa por las condiciones climáticas adversas y el calor abrumador de aquella tarde en el desierto de Dubái. Luego de un trabajo complejo y bajo las circunstancias más extremas, el escalador pudo realizar los siete agujeros en la gruesa capa de acero de la aguja y depositar una lámpara de 2.000 W en cada uno de los orificios. Entonces sí estuvo todo listo para la gran inauguración.

OTROS SUPERALTOS

Arabia, Europa y Latinoamérica

El segundo más alto de Oriente Medio, y el tercero más elevado del mundo. El más alto de Europa, en Rusia. Y los que más cerca del cielo se posicionan en Latinoamérica. El rascacielos da la vuelta al mundo y acomoda sus estructuras, servicios y estándares de calidad según las características de cada región.

ABRAJ AL-BAIT, LA TORRE DE LA MECA

El tercer rascacielos más alto del mundo a mediados de 2020, tras el Burj Khalifa y la Torre de Shanghái, está ubicado en el centro de La Meca, la principal ciudad de la región del Hiyaz, en Arabia Saudita, y una de las más importantes de la península de Arabia.

El Abraj Al-Bait es también, por superficie, el tercer edificio más grande del mundo, con un total aproximado de 1,58 millón de metros cuadrados. Con una altura de 601 m, esta torre se destaca entre los edificios lindantes que integran un lujoso complejo residencial y hotelero (cuando se anunció su edificación, este edificio iba a superar los 730 m). El Abraj Al-Bait transformó radicalmente el aspecto de la ciudad de La Meca en 2012, cuando fue inaugurado luego de ocho años de arduo trabajo.

Este colosal proyecto fue obra de la compañía Binladin Group –la mayor empresa constructora de Arabia Saudita–, que encargó el diseño del complejo a Dar Al-Handasah Consultants. Su concreción fue posible gracias a la participación de los fondos King Abdulaziz, que tienen como propósito modernizar La Meca para ofrecer un alojamiento de primer nivel al cada vez más nutrido conglomerado de visitantes que recibe la ciudad.

Esta estructura está ubicada al otro lado de la calle de entrada al Masjid al-Haram, en cuyo interior se encuentra la Kaaba, considerada por los musulmanes el lugar más santo del mundo. Por este motivo, el

El Abraj Al-Bait está ubicado en La Meca y tiene gran relevancia para la cultura árabe.

Abraj Al-Bait tiene un espacio exclusivo para el rezo, con capacidad para hospedar aproximadamente a 10.000 personas. Además, la torre más alta contiene un hotel cinco estrellas y ofrece alojamiento a algunos de los más de 2 millones de peregrinos que participan en el *hajj* cada año. Junto con las habitaciones residenciales y los hoteles, la torre dispone en su interior de un centro comercial de cuatro pisos, un centro de convenciones, un estacionamiento capaz de albergar más de 1.000 vehículos y dos helipuertos.

El detalle más curioso del Abraj Al-Bait se encuentra colgado a unos 450 m del suelo. Se trata de un gigantesco reloj (fabricado por Perrot, empresa alemana que se dedica a la construcción de relojes de torre), el más grande del mundo entre los de su clase, que mide nada menos que 43 m por lado. Más allá de su impresionante tamaño, se destaca que, producto de la incorporación de cerca de 2 millones de luces led, el reloj puede observarse de noche desde un radio de 25 km de distancia. La cúspide de la torre se completó con una aguja de 128 m colocada por encima del reloj. En la base de dicha aguja, y por encima del reloj, funciona un centro científico (denominado The Jewel, por su forma de piedra preciosa) desde donde los visitantes pueden observar la Luna en los inicios de los meses islámicos. Unida a la aguja, culmina la obra una media luna de fibra de vidrio revestida de oro, de unos 23 m de altura y 35 toneladas de peso.

LAKHTA CENTER, LA CONQUISTA DE EUROPA

En Europa, el monopolio de los rascacielos es de Rusia. En la segunda década del siglo XXI la nación más grande del mundo desafió a las potencias asiáticas y árabes y llevó adelante la construcción de un puñado de edificios que se ubicaron rápidamente, en su momento, entre los más altos del planeta. La Mercury City Tower fue coronada en 2012 (finalizada al año siguiente) y se convirtió en la más alta de Europa, con sus 339 m que se extienden a lo largo de una muy llamativa fachada. Ubicada también en Moscú, la OKO Tower la superó en 2015 con sus 354 m de altura y una estructura completamente

Para construir la base del Lakhta Center, se volcaron 19.624 m³ de concreto durante 49 horas seguidas, y así se superó por 3.000 el máximo registro anterior, establecido en la Gran Torre de Wilshire, en Los Ángeles.

acristalada. Dos años más tarde, el Bashnya Federatsiya (o Torre de la Federación) la sobrepasó gracias a sus 374 m de elevación. Pero este edificio, que forma parte del Centro Internacional de Negocios de Moscú, sucumbió ante la grandiosa estructura del Lakhta Center. El Lakhta Center, situado en la ciudad de San Petersburgo, integra un moderno complejo público y de negocios de rascacielos (es la sede central de Gazprom, la gigantesca empresa productora de gas). Allí se erige como el más alto de Rusia y del continente europeo, con sus 462 m de altura. Tiene el mirador más elevado de Europa, posicionado a 360 m de altura. El 24 de diciembre de 2018, el Lakhta Center fue certificado según los criterios de eficiencia ecológica como LEED Platinum, y es considerado uno de los rascacielos más ecológicos del mundo.

115

Este logro se debe a que, mientras se diseñaba, comenzaron a implementarse varias tecnologías de cuidado ambiental y de ahorro de energía. Entre estas se destaca un sistema inteligente de eliminación de residuos que mejora la higiene y reduce las emisiones de CO_2. Además, el uso del doble acristalamiento, que ayuda a aumentar el nivel de aislamiento térmico, permite reducir los costos de calefacción y acondicionamiento. Por otra parte, como el enfriamiento del edificio se realiza utilizando generadores de hielo acumulativos, es posible ahorrar en electricidad.

El Lakhta Center ingresó en *El libro Guinness de los récords* por un logro bastante singular: el vertido continuo de hormigón más grande de la historia. En efecto, para construir la base del rascacielos se volcaron 19.624 m³ de concreto, durante 49 horas seguidas, y así se superó por 3.000 m³ el máximo registro anterior, establecido en la Gran Torre de Wilshire, en Los Ángeles, California.

Rusia es el país europeo que domina la industria de los rascacielos. El más elevado es el Lakhta Center, en las afueras de San Petersburgo.

LATINOAMÉRICA, AHORA A MÁS DE 300 METROS

Uno de los edificios que componen el complejo Torres Obispado, en la ciudad de Monterrey, en México, es –a mediados de 2020– el único rascacielos en territorio latinoamericano que supera los 300 m de altura. Con 305 m en total, superó a la Gran Torre Santiago, emplazada en la ciudad capital de Chile, que se extendía hasta 300 m. Ambos proyectos no solo alcanzaron una elevación similar, sino que también comparten el hecho de que se erigen en dos zonas territoriales muy expuestas a movimientos sísmicos dentro del continente americano.

Las Torres Obispado (T.OP) son dos rascacielos ubicados entre las avenidas Constitución e Hidalgo, en la zona del Obispado de Monterrey, cuya obra comenzó en diciembre de 2016. El complejo ocupa el predio en el que anteriormente se encontraba el Instituto Motolinia. Este proyecto de usos mixtos cuenta con certificación LEED Oro y se convirtió en el edificio más alto de México, tras superar a la Torre KOI (280 m de altura), cuando se inauguró oficialmente en marzo de 2020. La torre más alta fue la primera y cuenta con 64 pisos: 9 pertenecen a la empresa estadounidense WeWork, 42 están destinados a oficinas y 8 pisos ocupa el Hotel Hilton Garden (con 176 habitaciones). Por su parte, la segunda torre del complejo cuenta con 33 plantas, las cuales prestan servicio residencial.

Con sus 300 m de altura, la Gran Torre Santiago se convirtió en 2012 –año de su coronación– en el tercer rascacielos más alto del hemisferio sur, después de los edificios australianos Queensland Number One (323 m de altura) y Australia 108 (318 m). Pero también se transformó en la quinta estructura más alta si se consideran la Torre de Sídney (309 m) y la Sky Tower (328 m) en Nueva Zelanda.

La Gran Torre Santiago es un rascacielos que forma parte del complejo Costanera Center. Este moderno centro comercial –uno de los más nuevos de la ciudad– se compone además de dos hoteles y dos torres de oficinas. La torre fue diseñada por el galardonado arquitecto argentino César Pelli, y su estudio Pelli

2019, EL AÑO DE LOS RASCACIELOS

El último informe anual del Council on Tall Buildings and Urban Habitat, el *CTBUH Year in Review: Tall Trends of 2019*, relativo a los rascacielos terminados en 2019, señala que la industria de los grandes edificios estableció un nuevo récord, con 126 torres de una altura igual o superior a 200 m de elevación construidas durante dicho período. Entre estas, 26 son denominadas *supertall,* es decir, rascacielos de una altura superior a 300 m. El dato que pone en evidencia la actualidad de esta pujante industria es que, cuando dio inicio el presente siglo, apenas había 26 edificios de estas características en todo el planeta.

Clarke Pelli Architects, que había tenido bajo su responsabilidad el diseño de las Torres Petronas, en Malasia, entre otros proyectos. Con sus 62 pisos, es la más elevada de Sudamérica. Si bien su inauguración fue proyectada para 2009, una serie de problemas financieros obligó a detener su construcción y posponer su culminación, la cual recién se concretó en 2014. La mayor atracción de este rascacielos abrió sus puertas un año más tarde, el 11 de agosto de 2015: se trata de la Sky Costanera, una plataforma de observación que abarca los pisos 61 y 62, a cielo abierto, y permite a los visitantes disfrutar de una vista de 360° de la ciudad de Santiago de Chile.

La Gran Torre Santiago, con su imponente vista, fue el edificio más alto de Latinoamérica hasta 2020, cuando fue inaugurada la Torre Obispado, en México.

JEDDAH TOWER

La cima está más cerca

Algunos de los proyectos más osados debieron replantear su construcción antes de empezar. Otros enfrentaron problemas de financiación y suspendieron su carrera hacia el cielo. Ahora, otra magnífica estructura parece destinada a convertirse en la más elevada sobre la faz de la Tierra.

Si bien la ciudad de Jeddah no es de las más conocidas del mundo árabe, según la creencia de los musulmanes allí se encuentra la tumba de Eva, la primera mujer creada por Dios. La segunda ciudad más grande de Arabia Saudita parece situarse ahora en los dos extremos de la historia de la humanidad, de un lado con la referencia a los primeros días del ser humano sobre la faz de la Tierra, y del otro, porque en un futuro no muy lejano podrá hacer ostentación de alojar en su territorio al desafío más grande en la historia de la construcción: un rascacielos de 1.000 m de altura.

124

En 2014, la Organización de las Naciones Unidas para la Educación, la Ciencia y la Cultura (Unesco) proclamó al centro histórico de Jeddah como patrimonio de la humanidad, unos meses después de que esta megaestructura –denominada por entonces Kingdom Tower– comenzara a levantarse en el desierto saudí (el 1.º de abril de 2013). En un principio, la construcción se proyectó en 1.600 m de altura, pero algunos datos arrojados por estudios del suelo revelaron que eso no sería posible, por lo que

Mientras retoma su construcción, la Jeddah Tower eleva sus pisos sobre una base muy similar a la estrenada en el Burj Khalifa de Dubái.

su altura máxima se redujo a 1.000 m. También se confirmó que la base sería una estructura triangular (similar a la del Burj Khalifa de Dubái), que permitiría soportar mejor las fuerzas ejercidas por las fuertes ráfagas de viento que convergen en el desierto.

ILa Jeddah Tower utilizará abundantes materiales de refuerzo para evitar el balanceo excesivo ante las ráfagas de viento, que de otro modo haría que los ocupantes de los pisos superiores sientan náuseas los días ventosos, y se incluirá concreto de alta resistencia y de varios metros de espesor en ciertas partes de la estructura. Esto, junto con el armazón de acero integrado y las paredes construidas para resistir no solo las cargas laterales sino también movimientos sísmicos.

TRAS LOS PASOS DEL KHALIFA

128 Producto del éxito del Burj Khalifa, la base triangular en forma de «Y» también servirá de apoyo a los 167 pisos que tendrá la Jeddah Tower. Esta genialidad de la ingeniería ofrece una mayor estabilidad debido a la forma cónica de la estructura, con los 1.000 m de la altura y el viento como los mayores obstáculos del proyecto. En esta impresionante torre, el desprendimiento de vórtices tampoco será un tema menor. Obviamente, con la altura que alcanzará la Jeddah Tower, resulta inviable utilizar un diseño rectangular tradicional.

Cuando esté finalizada, la torre ocupará un área de más de 240.000 m^2 y contará en su interior con un hotel Four Seasons y un área de departamentos de la misma empresa, espacios de oficina, departamentos de lujo y la plataforma de observación más alta del mundo. La Jeddah Tower contará con alrededor de 58 ascensores que viajarán a una velocidad de 10 m por segundo; por lo tanto, solo tardará un minuto y cuarenta segundos en llegar al último piso del rascacielos.

Más allá de los proyectos relacionados con el interior de este asombroso edificio, aún resta definir varios aspectos sobre la financiación de la construcción. Y luego de una prolongada suspensión de las obras, se calcula que hacia fines de 2020 la Jeddah Tower volverá a retomar su camino rumbo al cielo.

EL DESPEGUE DE JEDDAH

La torre está ubicada cerca del Mar Rojo y de la boca del arroyo Obhur, y se la piensa como un símbolo del crecimiento y el futuro de Arabia Saudita, así como para destacar la importancia del estado de Jeddah como puerta de entrada a la ciudad sagrada de La Meca. Por eso la visión de los constructores va mucho más allá de esta magnífica estructura: en el área de 23 ha, alrededor de la Jeddah Tower se emplazará un enorme centro comercial, así como otros desarrollos residenciales y comerciales, y también variados espacios públicos, en una especie de «miniciudad» lindera al rascacielos más alto del mundo.

La intención de Jeddah Economic Company (JEC), la empresa que controla los destinos del desarrollo de este edifico, es convertir a la Jeddah Tower en un símbolo de prosperidad para la región. Talal Al Maiman, miembro de la junta directiva de JEC, asegura que «la Jeddah Tower será una estructura histórica que aumentará en gran medida el valor de los cientos de otras propiedades a su alrededor, en el Jeddah Economic City y, de hecho, también en todo el norte de la ciudad». El concepto de rentabilidad derivado de la construcción de desarrollos de alta densidad, hoteles y centros comerciales en torno a dicho hito se tomó directamente del ejemplo del Burj Khalifa: el rascacielos de Dubái continúa demostrando ser exitoso y sus condominios circundantes en el área conocida como Downtown Dubái generan ingresos más que considerables.

GLOSARIO

Arenisca. Roca sedimentaria de tipo detrítico, de color variable. Junto con las lutitas son las rocas sedimentarias más comunes en la corteza terrestre. La arenisca contiene espacios intersticiales entre sus granos.

Art déco. Movimiento de diseño popular entre 1920 y 1940 que influyó las artes decorativas mundiales tales como arquitectura, diseño interior y diseño gráfico e industrial, y también a las artes visuales, como moda, pintura, grabado, escultura y cinematografía.

Asentamiento. Lugar donde se establece una persona o una comunidad. También se refiere al proceso inicial en la colonización de tierras.

Balaustradas. Forma moldeada en piedra o madera, y algunas veces en metal o cerámica, que soporta el remate de un parapeto de balcones y terrazas.

Beaux-Arts. Estilo de arquitectura francés que fue enseñado en la École des Beaux-Arts de París y que influenció el estilo de los edificios en Estados Unidos entre 1885 y 1920.

Boroughs. Divisiones administrativas que posee la ciudad de Nueva York. Bronx, Brooklyn, Manhattan, Queens y Staten Island son los cinco *boroughs* que componen la ciudad.

Caliza. Roca sedimentaria compuesta mayoritariamente por carbonato de calcio. En el ámbito de las rocas industriales o de áridos para construcción, recibe también el nombre de piedra caliza.

Emirato. Territorio político bajo la administración de un emir, y un tipo de monarquía característica de Oriente Medio y el mundo árabe. En árabe, el término puede ser generalizado a una provincia o país que es administrado por un miembro de la clase dominante.

Etemenanki. Nombre de un zigurat dedicado a Marduk en la ciudad de Babilonia, en el siglo VI a.C. de la dinastía caldea. Originariamente de 7 pisos de altura, pocos restos permanecen en la actualidad. Está asociado a la Torre de Babel y se presume que inspiró el relato bíblico.

Feng Shui. Antiguo sistema filosófico chino de origen taoísta basado en la ocupación consciente y armónica del espacio, con el fin de lograr de este una influencia positiva sobre las personas que lo ocupan. Está considerada desde una seudociencia y seudoterapia hasta «un compendio de antiguas supersticiones chinas».

Giza. La mayor de las pirámides de Egipto, la más antigua de las siete maravillas del mundo y la única de estas que aún perdura. Fue ordenada construir por el faraón Keops. Acerca del arquitecto de dicha obra, algunos estudiosos nombran a Hemiunu.

Keops. Segundo faraón de la cuarta dinastía, perteneciente al Imperio Antiguo de Egipto. Reinó desde 2589 a.C hasta 2566 a.C.

Maravillas del mundo antiguo. Conjunto de obras arquitectónicas y escultóricas que los autores griegos consideraban dignas de ser visitadas. A lo largo del tiempo se confeccionaron diferentes listados, pero el definitivo no se fijó hasta que el pintor neerlandés Maerten van Heemskrerck realizó en el siglo XVI siete cuadros que representan a las siete maravillas: la Gran Pirámide de Giza, los Jardines Colgantes de Babilonia, el Templo de Artemisa en Éfeso, la Estatua de Zeus en Olimpia, el Mausoleo de Halicarnaso, el Coloso de Rodas y el Faro de Alejandría.

Parcela. Porción de terreno proveniente de otro más grande que puede ser utilizada de diferentes formas. La palabra *parcela* se usa frecuentemente en el planeamiento urbanístico.

Ruyi. Objeto decorativo curvo que sirve como un ceremonial cetro en el budismo chino o talismán que simboliza el poder y la buena fortuna en el folclore chino.

Siderurgia. Técnica del tratamiento del mineral de hierro para obtener diferentes tipos de este o de sus aleaciones tales como el acero.

Zigurat. Torre piramidal y escalonada de base cuadrada y con terraza, muros inclinados y soportados por contrafuertes revestidos de ladrillo cocido, que culmina en un santuario o templo en la cumbre, al que se accede a través de una serie de rampas.

BIBLIOGRAFÍA RECOMENDADA

- Adrian Smith + Gordon Gill Architecture [http://smithgill.com/].

- Arch 20 [https://www.arch2o.com/].

- Arch Daily [https://www.archdaily.com/].

- Binder, Georges. **101 of the World's Tallest Buildings**. Images Publishing, 2006.

- Blog Egipto. **Las pirámides de Giza** [https://bit.ly/3fsnjgM].

- Burj Khalifa [https://www.burjkhalifa.ae/].

- Cada día un fotógrafo. **Charles C. Ebbets** [https://bit.ly/2ESegZU].

- Chuet-Missé, Juan Pedro. **Los rascacielos que conquistarán las alturas en los próximos años** [https://bit.ly/3i8e3Qp].

- Council on Tall Buildings and Urban Habitat [https://www.ctbuh.org/].

- *El País*. **La evolución de los rascacielos más altos del mundo** [https://bit.ly/2C38VxO].

- Geografía Infinita [https://www.geografiainfinita.com/].

- Graham, Jennifer. **History of Otis Elevator Company** [https://bit.ly/3ilR8S7].

- **Guía de Nueva York** [http://www.guiadenuevayork.com/index.php].

- **Historia de los rascacielos** [https://youtu.be/fJRmVGU0Uuw].

- KPF Architects [https://www.kpf.com/].

- La 5th con Bleecker ST [https://www.la5thconbleeckerst.com/].

- Megastrutture Dubai Il Burj Khalifa [https://youtu.be/3u1udHSw90Y].

- Mos Ingenieros [http://www.mosingenieros.com/].

- Museum of the City of New York. **100 Years Ago - The Equitable Building** [https://bit.ly/2PnW9wH].

- Oliver, Mark. **Inside Etemenanki: The Real-Life Tower of Babel** [https://bit.ly/30uR786].

- Plataforma Arquitectura [https://www.plataformaarquitectura.cl/].

- **Rascacielos: Gigantes de ayer y hoy** [https://youtu.be/l6XBR-MWb3o].

- Skidmore, Owings & Merrill LLP [https://www.som.com/].

- SkyscraperPage [www.skyscraperpage.com/].

- Viajar Dubái [https://www.viajar-dubai.com/].

- WikiArquitectura [https://es.wikiarquitectura.com/]

TÍTULOS DE LA COLECCIÓN